U0267873

服装与服饰搭配

主　编　洪　波　王　燕

副主编　龙凤梅

参　编　周健文

主　审　刘细丰

北京理工大学出版社
BEIJING INSTITUTE OF TECHNOLOGY PRESS

内 容 提 要

本书紧紧围绕高素质技术技能人才培养目标，对接专业教学标准和"1+X"职业能力评价标准，选择项目案例，结合生产实际中需要解决的一些工艺技术应用与创新的基础性问题，以项目为纽带，以任务为载体，以工作过程为导向，编写而成。本书注重课程之间的相互融通及理论与实践的有机衔接，形成了多元多维、全时全程的评价体系，并基于互联网，融合现代信息技术，配套开发了丰富的数字化资源。本书共分为服装色彩搭配、服装材质搭配、服装款式搭配、综合应用与演练 4 大模块。本书以工作页式工单为载体，强化项目导学、自主探学、合作研学、评价反馈、检测评学，在课程、学生地位、教师角色、课堂、评价等方面全面改革。

本书可作为高等院校应用设计类专业的教材，也可作为企业技术人员的参考书。

图书在版编目（CIP）数据

服装与服饰搭配 / 洪波，王燕主编.--北京：北京理工大学出版社，2022.8
ISBN 978-7-5763-1621-6

Ⅰ.①服…　Ⅱ.①洪…②王…　Ⅲ.①服饰美学
Ⅳ.①TS941.11

中国版本图书馆CIP数据核字（2022）第152520号

出版发行 / 北京理工大学出版社有限责任公司
社　　址 / 北京市海淀区中关村南大街5号
邮　　编 / 100081
电　　话 / （010）68914775（总编室）
　　　　　（010）82562903（教材售后服务热线）
　　　　　（010）68944723（其他图书服务热线）
网　　址 / http://www.bitpress.com.cn
经　　销 / 全国各地新华书店
印　　刷 / 河北鑫彩博图印刷有限公司
开　　本 / 787毫米×1092毫米　1/16
印　　张 / 8　　　　　　　　　　　　　　　　　责任编辑 / 钟　博
字　　数 / 174千字　　　　　　　　　　　　　　文案编辑 / 钟　博
版　　次 / 2022年8月第1版　2022年8月第1次印刷　责任校对 / 周瑞红
定　　价 / 89.00元　　　　　　　　　　　　　　责任印制 / 王美丽

　　"服装与服饰搭配"课程是高等院校应用设计类专业的一门专业基础课程。为建设好该课程，编者认真研究了专业教学标准和职业能力评价标准，开展了广泛调研，制定了毕业生所从事岗位（群）的《岗位（群）职业能力及素养要求分析报告》，并依据《岗位（群）职业能力及素养要求分析报告》开发了《专业人才培养质量标准》，按照《专业人才培养质量标准》中的素养、知识和能力要求要点，坚持"以学生为中心，以立德树人为根本，强调知识、能力、素养目标并重"的原则，组建校企合作结构化课程开发团队编写活页式教材。本书以生产企业实际项目案例为载体，以任务为驱动、以工作过程为导向，进行课程内容模块化处理，以"项目＋任务"的方式，开发工作页式任务工单，注重课程之间的相互融通及理论与实践的有机衔接，形成了多元多维、全时全程的评价体系，并基于互联网，融合现代信息技术，配套丰富的数字化资源。

　　本书以工作页式工单为载体，强化项目导学、自主探学、合作研学、评价反馈、检测评学，在课程、学生地位、教师角色、课堂、评价等方面全面改革，在评价体系中强调以立德树人为根本、以素质教育为核心，突出技术应用，强化学生创新能力的培养。

　　本书编写参考的资料均来自企业专家型教师和职业技能型高级技师。"双师结构"优质的编写团队中，"双师"素质教师比例为100%。本书由四川国际标榜职业院校洪波、王燕担任主编，由四川国际标榜职业院校龙凤梅担任副主编，四川国际标榜职业院校周健文参与本书编写。全书由四川国际标榜职业院校刘细丰主审。

　　由于编写时间仓促，编者的经验和水平有限，书中难免有不妥和错误之处，恳请广大读者批评指正。

编　者

目 录 CONTENTS

模块 **1** 服装色彩搭配

项目 1　课程导入

任务 1.1　课程性质及定位理解

1.1.1　任务描述

掌握该课程的课程性质，掌握该课程在人才培养中的定位，理解该课程与已学习的前序课程、平行课程的知识、能力的衔接与融通关系，对后续课程的支撑与融通关系。

1.1.2　学习目标

1. 知识目标

（1）了解课程的性质。

（2）掌握课程在人才培养中的定位。

（3）掌握该课程与前序课程的衔接与融通关系。

（4）掌握该课程与平行课程的衔接与融通关系。

2. 能力目标

（1）能理解服饰与服饰搭配的内涵。

（2）能理解本课程在专业人才培养中的定位。

（3）能理解该课程与其他课程的衔接与融通关系。

（4）能理解本课程对后续课程的支撑作用。

3. 素养目标

（1）培养勤于思考、分析问题的意识。

（2）培养勤于思考与辩证的意识。

（3）培养对服饰搭配的艺术审美眼光。

1.1.3　重点难点

（1）重点：课程性质认知；理解本课程与其他课程的衔接与融通关系。

（2）难点：理解本课程在人才培养中的定位；理解本课程对后续课程的支撑作用。

1.1.4 相关知识链接

1. 课程简介

"服装与服饰搭配"是一门基于工作过程开发出来的学习领域课程，是服装与服饰设计专业的职业核心课程。

适用专业：服装与服饰设计专业、人物形象设计专业、医疗美容技术专业。

建议课时：32学时。

"服装与服饰搭配"是一门关于服饰形象的整体设计、协调、搭配的艺术，它不仅指服装，还包括配件、首饰、发型、化妆等因素的组合关系，并与服饰的穿着者、周围环境等因素密不可分。服饰搭配不仅是对个人服饰形象的塑造，还涉及设计、营销、展示等多个领域。服装与服饰搭配是服装、时尚设计、美容等相关专业学生的必要技能，该课程的学习有助于学生理解服饰美的内涵，更好地设计美、创造美，通过妥善运用服饰搭配技巧，巧妙地展示美，并将之推广。

服装与服饰搭配中，最重要的原则是TPO原则。TPO原则是有关服饰礼仪的基本原则之一。TPO原则，即着装要考虑到时间"Time"、地点"Place"、场合"Occasion"。其中的T、P、O三个字母，分别是英文时间、地点、场合这三个单词的首字母。它的含义是要求人们在选择服装、考虑其具体款式时，首先应当兼顾时间、地点、场合，并应力求使自己的着装及其具体款式与着装的时间、地点、场合协调一致，较为和谐般配，遵循大众审美。

从时间上讲，一年有春、夏、秋、冬四季的交替，一天有24小时变化，显而易见，在不同的时间里，着装的类别、式样、造型应有所变化。比如，冬天要穿保暖、御寒的冬装，夏天要穿透气、吸汗、凉爽的夏装。白天穿的衣服需要面对他人，应当合身、严谨；晚上穿的衣服不为外人所见，应当宽大、随意等。从地点上讲，置身在室内或室外，驻足于闹市或乡村，停留在国内或国外，身处于单位或家中，在这些不同的地点，着装的款式理应有所不同，切不可以不变而应万变。例如，穿泳装出现在海滨、浴场，是人们司空见惯的；但若穿着泳装去上班、逛街，则非令人哗然不可。在国内，一位少女只要愿意，随时可以穿小背心、超短裙，但她若穿着这身行头出现在着装保守的阿拉伯国家，就显得有些不尊重当地人了。从场合上讲，人们的着装往往体现其一定的意愿，即自己对着装留给他人的印象如何是有一定预期的。着装应适应自己扮演的社会角色，而不讲其目的性，在现代社会中是不大可能的。服装的款式在表现服装的目的性方面发挥着一定的作用。只有把握好了服装服饰搭配的TPO原则，才能让自己在任何场合都自信从容（图1-1、图1-2）。

图1-1

2．教师教学方法

（1）采取任务驱动的教学模式；

（2）完善实践教学资源，开发多种教学手段；

（3）引入企业典型案例，理论联系实际开展教学；

图 1-2

（4）充分利用工作页式的任务工单，推进教师角色转换革命，调动学生的积极性；改进课堂生活环境，推动学生自主学习、合作探究式学习。

3．学生学习方法

（1）要充分了解该门课程的重要性；

（2）重视该门课程，端正学习态度，有自主学习的能动性、积极合作探究的精神；

（3）要善于收集信息，并对信息进行辩证的分析和处理，拓展相关知识面。

1.1.5　任务分组

表 1-1　学生分组表

班级		组号		授课教师	
组长		学号			
组员		姓名	学号	姓名	学号

1.1.6 自主探学

任务工作单 1-1

组号：_____ 姓名：_____ 学号：_____ 检索号：_____

引导问题 1：谈谈你对"服装与服饰搭配"课程的认识。

引导问题 2：学好该课程对以后的工作有什么支撑作用？

任务工作单 1-2

组号：_____ 姓名：_____ 学号：_____ 检索号：_____

引导问题 1：前序相关课程有哪些？分别阐述它们与该课程的衔接与融通关系。

引导问题 2：你了解哪些相关的平行课程？它们与该课程的关联性如何？

引导问题 **3**：你是否了解该课程相关的后续课程，该课程对后续课程有哪些支撑作用？

1.1.7　合作研学

任务工作单 1-3

组号：_____　　姓名：_____　　学号：_____　　检索号：_____

引导问题 **1**：小组讨论，教师参与，确定任务工作单 1-1、任务工作单 1-2 的最优答案，并检讨自己存在的不足。

引导问题 **2**：每组推荐一个小组长进行汇报。根据汇报情况，再次检讨自己的不足。

1.1.8 评价反馈

任务工作单 1-4 自我评价表

组号：_____ 姓名：_____ 学号：_____ 检索号：_____

班级		组名		日期	年 月 日
评价指标	评价内容			分数	分数评定
信息收集能力	是否能有效利用网络、图书资源查找有用的相关信息等；是否能将查到的信息有效地传递到学习中			10分	
感知课堂生活	是否能在学习中获得满足感，是否对课堂生活有认同感			10分	
参与态度，沟通能力	是否能积极主动地与教师、同学交流，相互尊重、理解，平等相待；与教师、同学之间是否能够保持多向、丰富、适宜的信息交流			15分	
	是否能处理好合作学习和独立思考的关系，做到有效学习；是否能提出有意义的问题或发表个人见解			15分	
对本课程的认识	本课程主要培养的能力 本课程主要学习的知识			5分	
	对将来工作的支撑作用			10分	
辩证思维能力	是否能发现问题、提出问题、分析问题、解决问题			10分	
自我反思	是否能按时保质完成任务；是否较好地掌握了知识点；是否具有较为全面严谨的思维能力并能条理清晰地表达成文			25分	
自评分数					
总结提炼					

任务工作单 1-5　小组内互评验收表

组号：_____　姓名：_____　学号：_____　检索号：_____

验收人组长		组名		日期	年　月　日
组内验收成员					
任务要求	对课程定位的认识；完成服装与服饰搭配的知识、能力储备分析任务的过程中，至少包含 5 份检索文献的目录清单				
文档验收清单	被评价人完成的任务工作单 1-1				
	被评价人完成的任务工作单 1-2				
	文献检索清单				
验收评分	评分标准			分数	得分
	能正确表述课程的定位，缺一处扣 1 分			25 分	
	描述完成服装与服饰搭配任务应具备的知识、能力储备分析，缺一处扣 1 分			25 分	
	描述完成服装与服饰搭配应该做的工作准备，缺一处扣 1 分			25 分	
	文献检索清单，少一份扣 5 分			25 分	
	评价分数				
总体效果定性评价					

任务工作单 1-6　小组间互评表

（听取各小组长汇报，同学打分）

被评组号：_____　检索号：_____

班级		评价小组		日期	年　月　日
评价指标	评价内容			分数	分数评定
汇报表述	表述准确			15 分	
	语言流畅			10 分	
	准确反映小组完成任务情况			15 分	
内容正确度	所表述的内容正确			30 分	
	阐述表达到位			30 分	
	互评分数				

任务工作单1-7 任务完成情况评价表

组号：_____ 姓名：_____ 学号：_____ 检索号：_____

任务名称	课程性质与定位理解				总得分	
评价依据	学生完成任务后任务工作单					
序号	任务内容及要求		配分	评分标准	教师评价	
					结论	得分
1	课程定位	描述正确	10分	缺一个要点扣1分		
		语言表达流畅	10分	酌情赋分		
2	描述完成服装与服饰搭配任务应具备的知识、能力储备分析	应具备的知识分析	10分	缺一个要点扣1分		
		应具备的能力分析	10分	缺一个要点扣1分		
3	描述完成服装与服饰搭配应该做的工作准备	涉及哪几个方面的准备	15分	缺一个要点扣2分		
		每一个工作准备的作用	15分	缺一个要点扣2分		
4	至少包含5份检索文献的目录清单	数量	10分	每少一个扣2分		
		参考的主要内容要点	10分	酌情赋分		
5	素质素养评价	沟通交流能力	10分	酌情赋分，但违反课堂纪律，不听从组长、教师安排的，不得分		
		团队合作				
		课堂纪律				
		合作探学				
		自主研学				

项目 2 色彩认知与搭配

任务 2.1 无彩色服装搭配

2.1.1 任务描述

根据图 2-1、图 2-2 所示的黑白调配色，描述无彩色系的含义及色彩类型。

图 2-1

图 2-2

2.1.2 学习目标

1. 知识目标

（1）掌握无彩色系的概念。

（2）掌握无彩色的分类原理。

2. 能力目标

（1）能理解不同面积无彩色的组合关系。

（2）能正确搭配无彩色的服装与服饰。

3. 素养目标

（1）培养勤于思考与辩证的意识。

（2）培养对服饰搭配的艺术审美眼光。

2.1.3 重点难点

（1）重点：掌握无彩色的面积比例搭配要点。

（2）难点：能正确运用无彩色进行服装与服饰搭配。

2.1.4 相关知识链接

1. 无彩色的概念

无彩色不包含其他任何色相，只有黑、白、灰三种颜色。色彩的饱和度越低，越接近灰色，饱和度为 0 的颜色即灰色。在 0 饱和度的基础上，明度越高，灰色越浅，越接近白色；明度越低，灰色越深，越接近黑色。不同的灰色使白色到黑色之间有了一系列完整的过渡色。

无彩色搭配案例分析

在色彩三要素中，无彩色只有色相和明度，并没有纯度的划分。其中，明度是无彩色可变的最大要素。因此，灰色也是无彩色中最具有变化的色彩。黑＋白＝灰，当黑色多，则为深灰，明度较低；当白色多，则为浅灰，明度较高。

在无彩色的服装搭配中，除黑、白、灰三种色相的变化外，善用不同明暗的灰色也是重要的搭配变化。

2. 无彩色搭配的作用及特点

"黑、白、灰是永远的流行色，也是所谓的安全色。"这句话充分说明了无彩色在色彩搭配中的重要作用，它是人们日常最为普遍的搭配选择。无彩色＋无彩色的搭配自成一派，极具个性和时尚感；无彩色＋有彩色更是大多数人日常普遍和实用的搭配选择，这样的搭配既有无彩色的沉稳，也有有彩色的绚丽，两者各有价值，共同美丽。

3. 无彩色搭配的优势分析

（1）随意性强。无彩色无论在任何时候都可以体现和谐、稳重之感。黑、白、灰这三种颜色的确是万年经典百搭色，很多人都喜欢这三种色系，要学会利用好黑、白、灰这三种无彩色系。

黑、白、灰作为永远不会出错的颜色（图 2-3、图 2-4），能给服装搭配创造无限可能。

图 2-3　　　　　　　　　　　　　　　图 2-4

（2）搭配难度低。以黑色、白色和灰色为主的无彩色搭配是一种最高级的视觉诠释，无论是时尚大咖，还是时尚小白，都能够在短时间内适应这种配色方式，其颜色简单耐看，呈现出极简风格。无彩色搭配难度低，是一种非常实用的日常搭配（图 2-5、图 2-6）。

图 2-5

图 2-6

（3）可塑性大。无彩色的时尚单品是最基础的时尚单品，可以通过这种单品来塑造出多种搭配风格，不同黑、白、灰的面积对比，可以打造素描绘画中高光、灰部的视觉效果，整个服装显得高级且丰富（图 2-7）。

图 2-7

4. 无彩色搭配的技巧

无彩色搭配其实和素描一样，单一的黑色、白色或灰色是无法构成一幅画的，只有它们之间相互组合才能让物体跃然纸上。对于服装的无彩色搭配，应该怎么做才能让穿搭不会过于单调，有层次感呢？

常用的无彩色搭配有以下四个组合。

（1）白色搭配白色。白色搭配白色很容易显得脏，搭配的时候应该注意避免白色之间的色差，特别是冷白色和暖白色的对比，稍不注意就会显得暖白色很脏，失去白色的纯净与高级感，在搭配时一定要多看，确定两个白色的冷暖对比是否合适。要想白色搭配白色不呆板，在搭配的时候可以增加材质之间的差异，如针织面料搭配梭织面料，在肌理上制造对比感，形成层次。

（2）黑色搭配黑色。黑色搭配黑色是一种沉稳的搭配方案，在搭配的时候也应该注意拉大材质之间的差异，另外也可以增加廓形之间的差异，从而制造出对比的感觉，形成层次。

（3）灰色搭配灰色。灰色搭配灰色也是一种高级的色彩搭配方案，搭配的时候应该注意拉大灰色之间的色差，从而形成层次，避免单调。

（4）黑白灰混色搭配。黑白灰混色搭配是最常见，也是使用频率最高的一种搭配方式，这种方式没有任何局限，可以随意组合搭配。

5. 无彩色搭配案例解析

（1）白色搭配白色。如图2-8、图2-9所示，该款式采用不同材质的白色面料和饰品打造出白色搭配白色的层次感。

图 2-8　　　　　　　　　　　　　　　图 2-9

（2）黑色搭配黑色。如图2-10、图2-11所示，该款式为黑色搭配黑色，沉稳且酷，在搭配的时候注意不同黑色材质之间的配合，廓形较夸张，从而制造出对比的感觉，形成层次。

图 2-10　　　　　　　　　　　　　　　图 2-11

（3）灰色搭配灰色。如图2-12所示，该款式采用不同纯度的灰色搭配，结合面料质感的不同，打造出无彩色的丰富层次感。

图 2-12

（4）黑白灰混色搭配。如图 2-13 所示，黑白灰混色搭配可以改变面料的质感、块的大小，效果更加丰富。

图 2-13

2.1.5　素质素养养成

（1）在无彩色服装概念的学习中，理解不同明度的黑色、白色、灰色在服装与服饰之间的组合关系，形成对无彩色服装与服饰搭配的整体认知，培养勤于思考和辩证的意识。

（2）在无彩色服装与服饰分类原理的应用中，结合学生个人对无彩色服装的理解，通过相关的练习，正确理解黑、白、灰在服饰搭配中的要点。充分调动学生主动学习的兴趣，提高学生分析归纳的能力，培养学生对服饰搭配的艺术审美眼光。

2.1.6　任务分组

表 2-1　学生分组表

班级		组号		授课教师	
组长		学号			
组员	姓名	学号		姓名	学号

2.1.7　自主探学

任务工作单 2-1

组号：_____　　姓名：_____　　学号：_____　　检索号：_____

引导问题 1：阐述无彩色的概念。

引导问题 2：阐述无彩色的分类原理。

任务工作单 2-2

组号：_____ 姓名：_____ 学号：_____ 检索号：_____

引导问题 1：阐述不同明度无彩色之间的组合关系。

引导问题 2：如何正确搭配无彩色系的面积？

2.1.8 合作研学

任务工作单 2-3

组号：_____ 姓名：_____ 学号：_____ 检索号：_____

引导问题 1：小组讨论，教师参与，确定任务工作单 2-1 和任务工作单 2-2 的最优答案，并检讨自己存在的不足。

引导问题 2：每组推荐一个小组长进行汇报。个人结合汇报情况，再次检讨自己的不足。

2.1.9 评价反馈

组号：_____　姓名：_____　学号：_____　检索号：_____

班级		组名		日期	年　月　日
评价指标	评价内容			分数	分数评定
信息收集能力	是否能有效利用网络、图书资源查找有用的相关信息等；能否将查到的信息有效地传递到学习中			10分	
感知课堂生活	是否能在学习中获得满足感，是否对课堂生活有认同感			10分	
参与态度，沟通能力	是否能积极主动地与教师、同学交流，相互尊重、理解，平等相待；与教师、同学之间是否能够保持多向、丰富、适宜的信息交流			10分	
	是否能处理好合作学习和独立思考的关系，做到有效学习；是否能提出有意义的问题或发表个人见解			10分	
知识、能力获得情况	能否阐述无彩色的概念			10分	
	能否理解无彩色的分类原理			10分	
	能否正确进行无彩色服装的搭配			10分	
	黑 灰 白			10分	
辩证思维能力	是否能发现问题、提出问题、分析问题、解决问题、创新问题			10分	
自我反思	是否能按时保质完成任务；是否较好地掌握了知识点；是否具有较为全面、严谨的思维能力并能条理清晰地表达成文			10分	
自评分数					
总结提炼					

任务工作单 2-5　小组内互评验收表

组号：_____　姓名：_____　学号：_____　检索号：_____

验收人组长		组名		日期	年　月　日
组内验收成员					
任务要求	掌握无彩色的概念，掌握无彩色的分类原理，能正确进行无彩色服装的搭配，具备文献检索的能力				
验收文档清单	被评价人完成的任务工作单 2-1				
	被评价人完成的任务工作单 2-2				
	文献检索清单				
验收评分	评分标准		分数		得分
	阐述无彩色的概念，错一处扣 2 分		20 分		
	解释无彩色的分类原理，错误不得分		30 分		
	正确进行无彩色服装的搭配，错一处扣 2 分		30 分		
	提供文献检索清单，少于 5 项，缺一项扣 4 分		20 分		
评价分数					
不足之处					

任务工作单 2-6　小组间互评表

（听取各小组长汇报，同学打分）

被评组号：_____　检索号：_____

班级		评价小组		日期	年　月　日
评价指标	评价内容		分数		分数评定
汇报表述	表述准确		15 分		
	语言流畅		10 分		
	准确反映小组完成任务情况		15 分		
内容正确度	内容正确		30 分		
	句型表达到位		30 分		
互评分数					

任务工作单 2-7　任务完成情况评价表

组号：_____　姓名：_____　学号：_____　检索号：_____

任务名称	无彩色服装与服饰搭配				总得分	
评价依据	学生完成的任务工作单					
序号	任务内容及要求		配分	评分标准	教师评价	
					结论	得分
1	无彩色的概念	描述正确	15 分	缺一个要点扣 1 分		
		语言表达流畅	15 分	酌情赋分		
2	无彩色的分类原理	描述正确	15 分	缺一个要点扣 1 分		
		语言流畅	15 分			
3	不同明度无彩色的定义	描述正确	10 分	缺一个要点扣 2 分		
		语言流畅	10 分	酌情赋分		
4	至少包含 5 份检索文献的目录清单	数量	5 分	每少一个扣 2 分		
		参考的主要内容要点	5 分	酌情赋分		
5	素质素养评价	沟通交流能力	10 分	酌情赋分，但违反课堂纪律，不听从组长、教师安排的，不得分		
		团队合作				
		课堂纪律				
		合作探学				
		自主研学				
		培养勤于思考的意识				
		培养辩证的意识				

任务 2.2 同色系服装搭配

2.2.1 任务描述

根据图 2-14，描述同色系的含义及色彩类型。

图 2-14

2.2.2 学习目标

1. 知识目标

（1）掌握同色系的概念。

（2）掌握同色系的分类原理。

2. 能力目标

（1）能理解同色系组合关系。

（2）能正确搭配同色系的服装与服饰。

3. 素养目标

（1）培养勤于思考与辩证的意识。

（2）培养对服饰搭配的艺术审美眼光。

2.2.3 重点难点

（1）重点：掌握同色系的搭配要点。

（2）难点：能正确运用同色系进行服装与服饰搭配。

2.2.4 相关知识链接

1. 同色系的概念

同色系是指同一色系里的两个或者多个不同颜色，主色和辅色

同色系服装搭配
优势

都在统一色相上，这种配色方法往往给人整体一致的感受。将同色系的颜色搭配在一起绝不会出错，如粉红＋大红、艳红＋桃红、玫红＋草莓红等同色系间的变化搭配可产生同色系色彩的层次感，又不会显得单调乏味，是最简单易行的方法。

2. 同色系服装搭配的作用及特点

同色系服装搭配其实是最简单的，只需要选择深浅不一的同色系单品就可以了，将它们穿在一起一般是不会出错的，会有一种套装的感觉。

同色系搭配原则是指深浅、明暗不同的两种同一类颜色相配，比如青配天蓝、墨绿配浅绿、咖啡配米色、深红配浅红等。同色系配合的服装显得柔和文雅。

同色系如大红、粉红、橘红、裸粉、西瓜红等，凡是红色类的颜色都属于红色系的同类色；而翠绿、橄榄绿、绿灰、苹果绿等都属于绿色系，它们都属于同类色。依此类推，橙色、蓝色、紫色、黄色的同类色也是如此分类。

裙子偏深一点的墨绿色，与上衣的浅绿灰相比，是一浅一深，这就是明度上的对比。同类色之间的关系一般就是冷暖对比、明暗对比、艳度对比的关系。在同类色搭配中，无论用哪种对比关系或多重关系搭配，都会很微妙、很漂亮。在面积搭配中，比例尽量禁止五五分，面积不要等同等大小，有大有小才会有层次感。

3. 同色系服装搭配的优势分析

对于相同色系在衣服材质上面做出区分，利用同一种色系打造轻松的时尚感，只在材质或设计上有所区分，这种看似简单的穿法，其实是充满时尚智慧的。

同色系穿搭最大的好处就是能让整体造型化繁为简。比起撞色的眼花缭乱，这样搭配显得整洁很多。

同色系服装易于搭配。这或许是连衣裙、连体裤流行多年的原因。

同色系服装搭配的关键在于单品本身，越是毫无细节的款式和统一的配色，对面料和剪裁的要求就越高。

4. 同色系服装搭配技巧

（1）要想同色系服装看起来不死板，可以在服装款式的选择上稍作区分，比如，利用深浅色渐变，或拼色、拼接、风格元素等亮点来强调款式，以提高时尚度。

（2）同色系的深浅色做搭配，这是最容易的穿法。一般来说，建议内搭选择略深的颜色，这样不仅有层次感，还使人显得清爽，适合春、夏季节。

（3）同色系穿搭更应该注意细节的处理，而不应盲目地、不假思索地将一个颜色铺满全身。或者采用邻近色，或者采用同一色系的不同深浅明暗，或者制造材质或肌理的差异才可能穿出高级感。

5. 同色系服装搭配案例

如图 2-15 所示，同色系的服装在面料材质上有了变化，层次更加丰富，款式更有特色。

如图 2-16 所示，运用不同明度、纯度的蓝色打造出服装丰富的层次感。

图 2-15   图 2-16

如图 2-17 所示，对于不同材质的蓝色，运用面积大小的变化，创造出更丰富的视觉效果。

如图 2-18 所示，对于同色系不同纯度、不同面积、面料肌理的改造，是同色系服装出彩的主要设计点。

图 2-17   图 2-18

2.2.5　素质素养养成

（1）在同色系概念的学习中，理解不同纯度、明度色彩服装与服饰的组合关系，形成对同色系服装与服饰搭配的整体认知，培养勤于思考和辩证的意识。

（2）在同色系服装与服饰分类原理的应用中，结合学生个人对同色系的理解，通过相关的练习，正确理解同色系在服装与服饰搭配中的要点。充分调动学生主动学习的兴趣，提高学生分析归纳的能力，培养学生对服饰搭配的艺术审美眼光。

2.2.6　任务分组

表 2-2　学生分组表

班级		组号		授课教师	
组长		学号			
组员		姓名	学号	姓名	学号

2.2.7　自主探学

任务工作单 2-8

组号：_____　姓名：_____　学号：_____　检索号：_____

引导问题 1：阐述同色系的概念。

引导问题 2：阐述同色系的分类原理。

组号：_____　姓名：_____　学号：_____　检索号：_____

引导问题 1：阐述同色系服装的组合关系。

引导问题 2：如何正确搭配同色系的面积？

2.2.8　合作研学

组号：_____　姓名：_____　学号：_____　检索号：_____

引导问题 1：小组讨论，教师参与，确定任务工作单 2-8 和 2-9 的最优答案，并检讨自己存在的不足。

引导问题 2：每组推荐一个小组长进行汇报。个人结合汇报情况，再次检讨自己的不足。

2.2.9 评价反馈

任务工作单 2-11 自我检测表

组号：_____ 姓名：_____ 学号：_____ 检索号：_____

班级		组名		日期	年 月 日
评价指标	评价内容			分数	分数评定
信息收集能力	是否能有效利用网络、图书资源查找有用的相关信息等；是否能将查到的信息有效地传递到学习中			10分	
感知课堂生活	是否能在学习中获得满足感，是否对课堂生活有认同感			10分	
参与态度，沟通能力	是否积极主动地与教师、同学交流，相互尊重、理解，平等相待；与教师、同学之间是否能够保持多向、丰富、适宜的信息交流			10分	
	是否能处理好合作学习和独立思考的关系，做到有效学习；是否能提出有意义的问题或发表个人见解			10分	
知识、能力获得情况	是否能掌握同色系的概念			10分	
	是否能掌握同色系的分类原理			10分	
	是否能正确进行同色系服装与服饰的搭配			10分	
	近似色 邻近色 同类色			10分	
辩证思维能力	是否能发现问题、提出问题、分析问题、解决问题、创新问题			10分	
自我反思	是否按时保质完成任务；是否能较好地掌握知识点；是否具有较为全面严谨的思维能力并能条理清晰地表达成文			10分	
自评分数					
总结提炼					

任务工作单 2-12　小组内互评验收表

组号：_____　姓名：_____　学号：_____　检索号：_____

验收人组长		组名		日期	年　月　日
组内验收成员					
任务要求	掌握同色系的概念，掌握同色系的分类原理，能正确进行同色系服装与服饰的搭配，具备文献检索的能力				
验收文档清单	被验收者工作任务单 2-11				
	文献检索清单				
验收评分	评分标准			分数	得分
	解释同色系的概念，错一处扣 2 分			20 分	
	解释同色系的分类原理，错误不得分			30 分	
	正确进行同色系服装的搭配，错一处扣 2 分			30 分	
	提供文献检索清单，少于 5 项，缺一项扣 4 分			20 分	
评价分数					
不足之处					

任务工作单 2-13　小组间互评表

（听取各小组长汇报，同学打分）

被评组号：_____　检索号：_____

班级		评价小组		日期	年　月　日
评价指标	评价内容			分数	分数评定
汇报表述	表述准确			15 分	
	语言流畅			10 分	
	准确反映小组完成任务情况			15 分	
内容正确度	内容正确			30 分	
	句型表达到位			30 分	
互评分数					

任务工作单 2-14　任务完成情况评价表

组号：_____　姓名：_____　学号：_____　检索号：_____

任务名称	同色系服装搭配				总得分	
评价依据	学生完成的任务工作单					
序号	任务内容及要求		配分	评分标准	教师评价	
					结论	得分
1	同色系的概念	描述正确	15分	缺一个要点扣1分		
		语言表达流畅	15分	酌情赋分		
2	同色系的分类原理	描述正确	15分	缺一个要点扣1分		
		语言流畅	15分			
3	邻近色的服装搭配原理	描述正确	10分	缺一个要点扣2分		
		语言流畅	10分	酌情赋分		
4	至少包含5份检索文献的目录清单	数量	5分	每少一个扣2分		
		参考的主要内容要点	5分	酌情赋分		
5	素质素养评价	沟通交流能力	10分	酌情赋分，但违反课堂纪律，不听从组长、教师安排的，不得分		
		团队合作				
		课堂纪律				
		合作探学				
		自主研学				
		培养勤于思考的意识				
		培养辩证的意识				
		培养对服饰搭配的艺术审美眼光				

任务 2.3　对比色服装搭配

2.3.1　任务描述

根据图 2-19 所示的对比色配色，描述在服装搭配中使用对比色时要注意哪些要点。

图 2-19

2.3.2　学习目标

1. 知识目标

（1）掌握对比色的概念。

（2）掌握对比色的分类原理。

2. 能力目标

（1）能理解对比色组合关系。

（2）能正确搭配对比色的服装与服饰。

3. 素养目标

（1）培养勤于思考与辩证的意识。

（2）培养对服饰搭配的艺术审美眼光。

2.3.3　重点难点

（1）重点：掌握对比色的搭配要点。

（2）难点：能正确运用对比色进行服装与服饰搭配。

2.3.4　相关知识链接

1. 互补色的概念

色相环上夹角互为 180°的色彩称为互补色，互补色具有强烈

对比色服装搭配
要点

的对比，如黄与紫、红与绿。互补色可以平衡画面中某一单色过于强烈引发的失衡，使人感受到强烈的视觉冲击，情感浓烈，令人印象深刻。 互补色适合夸张、张扬的情感表达，富有刺激感。

2. 对比色服装搭配的作用及特点

对比色补色配色法是服装搭配中常被用到的典型方法之一，使用恰当会使配色的感觉非常独特，很容易出彩。将一对互补色放在一起，可以使它们各自的色彩在视觉上加强饱和度，显得色相纯度更强烈，能达到醒目、强烈、振奋人心的视觉效果（图 2-20、图 2-21）。

图 2-20　　　　　　　　　　　　　　　　　　　图 2-21

对比色指在 24 色相环上相距 120°～ 180°的两种颜色。对比色效果强烈、醒目、引人注目、使人兴奋，但容易造成视觉的疲劳，不易统一。

对比色的强烈色配色是指两个相隔较远的颜色相配，如黄色与紫色、红色与青绿色。在日常生活中，我们经常看到的是黑、白、灰与其他颜色的搭配。黑、白、灰为无彩色系，所以，无论它们与哪种颜色搭配，都不会出现大的问题。一般来说，如果同一种颜色与白色搭配时，会显得明亮，与黑色搭配时就显得昏暗。因此，在进行服饰色彩搭配时应先确定要突出哪个部分的衣饰。使用对比色时应注意色彩面积的对比。

3. 对比色服装搭配的优势分析

对比色的配合容易产生明快、夺目、灿烂、响亮的效果，对比色的最大特点是"争"，但在"争"中要有"让"，要有先后、主次、节奏，色彩在各显其能时须有统领。

4. 对比色服装搭配技巧

（1）对比色的配合，必须在对比中求统一，若不统一、不协调，必然产生花、乱、燥、生硬等感觉。为避免浮夸或不高级，互补色搭配时，最好通过调整明度/纯度或相互的比较关系来改观。如上衣和下装、外套和内衣采用不同的明度和纯度较好。

（2）调整对比色彩的比例，如五五分的撞色因比例不合适而显得丑。

（3）如果没有自信，尽量将撞色用于小物件。

5. 对比色服装搭配案例

对比色搭配成功案例：红色、蓝色、棕色。棕色和蓝色的配色，复古又有现代感。

服装搭配技巧：确定要对比的颜色，如红色和蓝色。撞色在穿搭中一般采用小比例，不建议大比例撞色。对于复古的风格，选用棕色与蓝色作为搭配，再利用红色作为点缀，利用卡其色帽子与衬衫呼应层次感。选用图纹单品作为点缀，如红色斜纹领带，是本套穿搭的核心，没有它会失去色彩的协调感。

如图 2-22 所示，降低色彩的饱和度，红色和绿色看起来也很舒服。

图 2-22

如图 2-23、图 2-24 所示，色彩面积的分配和黑色的过度，让对比色服装更加柔和。

图 2-23 图 2-24

配饰对比色：通过观察细节可以发现，包、丝巾、耳环、项链、鞋子、腰带等都能营造出独特的品位，配饰对比色与单品服装互不抢戏，相得益彰，如图 2-25、图 2-26 所示。

图 2-25　　　　　　　　　　　　　　　　　　图 2-26

2.3.5　素质素养养成

（1）在对比色概念的学习中，理解不同纯度、明度色彩服装与服饰的组合关系，形成对对比色服装与服饰搭配的整体认知，培养勤于思考和辩证的意识。

（2）在对比色服装与服饰分类原理的应用中，结合学生个人对对比色的理解，通过相关的练习，正确理解对比色在服装与服饰搭配中的要点。充分调动学生主动学习的兴趣，提高学生分析归纳的能力，培养学生对服饰搭配的艺术审美眼光。

2.3.6　任务分组

表 2-3　学生分组表

班级		组号		授课教师	
组长		学号			
组员	姓名	学号		姓名	学号

2.3.7 自主探学

组号：_____ 姓名：_____ 学号：_____ 检索号：_____

引导问题 1：阐述对比色的概念。

引导问题 2：阐述对比色的分类原理。

任务工作单 2-16

组号：_____ 姓名：_____ 学号：_____ 检索号：_____

引导问题 1：阐述对比色服装的组合关系。

引导问题 2：如何正确搭配对比色的面积？

2.3.8 合作研学

任务工作单 2-17

组号：_____ 姓名：_____ 学号：_____ 检索号：_____

引导问题 1：小组讨论，教师参与，确定任务工作单 2-15 和任务工作单 2-16 的最优答案，并检讨自己存在的不足。

引导问题 2：每组推荐一个小组长进行汇报。个人结合汇报情况，再次检讨自己的不足。

2.3.9 评价反馈

任务工作单 2-18 自我检测表

组号：_____ 姓名：_____ 学号：_____ 检索号：_____

班级		组名		日期	年 月 日
评价指标	评价内容			分数	分数评定
信息收集能力	是否能有效利用网络、图书资源查找有用的相关信息等；是否能将查到的信息有效地传递到学习中			10 分	
感知课堂生活	是否能在学习中获得满足感，是否对课堂生活有认同感			10 分	
参与态度，沟通能力	是否积极主动地与教师、同学交流，相互尊重、理解，平等相待；与教师、同学之间是否能够保持多向、丰富、适宜的信息交流			10 分	
	是否能处理好合作学习和独立思考的关系，做到有效学习；是否能提出有意义的问题或发表个人见解			10 分	
知识、能力获得情况	是否能掌握对比色的概念			10 分	
	是否能掌握对比色的分类原理			10 分	
	是否能正确进行对比色服装的搭配			10 分	
	面积相近的对比色 面积差距大的对比色			10 分	
辩证思维能力	是否能发现问题、提出问题、分析问题、解决问题、创新问题			10 分	
自我反思	是否按时保质完成任务；是否能较好地掌握知识点；是否具有较为全面严谨的思维能力并能条理清晰地表达成文			10 分	
自评分数					
总结提炼					

任务工作单 2-19 小组内互评验收表

组号：＿＿＿＿＿＿ 姓名：＿＿＿＿＿＿ 学号：＿＿＿＿＿＿ 检索号：＿＿＿＿＿＿

验收人组长		组名		日期	年　月　日
组内验收成员					
任务要求	掌握对比色的概念，掌握对比色的分类原理，能正确进行对比色服装的搭配，具备文献检索的能力				
验收文档清单	被评价人完成的任务工作单 2-15				
	被评价人完成的任务工作单 2-16				
	文献检索清单				
验收评分	评分标准			分数	得分
	解释对比色的概念，错一处扣 2 分			20 分	
	解释对比色的分类原理，错误不得分			30 分	
	正确进行对比色服装的搭配，错一处扣 2 分			30 分	
	提供文献检索清单，少于 5 项，缺一项扣 4 分			20 分	
	评价分数				
不足之处					

任务工作单 2-20 小组间互评表

（听取各小组长汇报，同学打分）

被评组号：＿＿＿＿＿＿＿＿＿＿＿＿＿＿＿＿＿＿＿＿＿ 检索号：＿＿＿＿＿＿＿

班级		评价小组		日期	年　月　日
评价指标	评价内容			分数	分数评定
汇报表述	表述准确			15 分	
	语言流畅			10 分	
	准确反映小组完成任务情况			15 分	
内容正确度	内容正确			30 分	
	句型表达到位			30 分	
	互评分数				

任务工作单 2-21　任务完成情况评价表

组号：_____　　姓名：_____　　学号：_____　　检索号：_____

任务名称	对比色服装搭配				总得分	
评价依据	学生完成的任务工作单					
序号	任务内容及要求		配分	评分标准	教师评价	
					结论	得分
1	对比色的概念	描述正确	15分	缺一个要点扣1分		
		语言表达流畅	15分	酌情赋分		
2	对比色的分类原理	描述正确	15分	缺一个要点扣1分		
		语言流畅	15分	酌情赋分		
3	邻近色的服装搭配原理	描述正确	10分	缺一个要点扣2分		
		语言流畅	10分	酌情赋分		
4	至少包含5份检索文献的目录清单	数量	5分	每少一个扣2分		
		参考的主要内容要点	5分	酌情赋分		
5	素质素养评价	沟通交流能力	10分	酌情赋分，但违反课堂纪律，不听从组长、教师安排的，不得分		
		团队合作				
		课堂纪律				
		合作探学				
		自主研学				
		培养勤于思考的意识				
		培养辩证的意识				
		培养对服饰搭配的艺术审美眼光				

模块 **2**
服装材质搭配

服装面料，就是用来制作服装的材料。作为服装三要素之一，面料不仅可以诠释服装的风格和特性，而且直接左右服装色彩、造型的表现效果。

面料设计是构成服装设计的三大要素（款式、色彩、面料）之一，也是服装设计的重要环节和构成服装质感美的基础。本模块要求了解面料搭配设计的基本程序和影响廓形变化的因素，重点掌握面料搭配设计方法并能熟练运用。

项目 3　面料质感解读

任务 3.1　季节性服装面料质感分析

3.1.1　任务描述

根据图 3-1 所示的面料案例的质感匹配，列出不同季节中服装面料与质感的搭配匹配表。

3.1.2　学习目标

1. 知识目标

（1）掌握服装面料的概念。

（2）掌握季节性服装面料质感的特色。

2. 能力目标

（1）能理解不同季节中服装面料质感的特色。

（2）能正确匹配服装面料与季节的关系。

3. 素养目标

（1）培养勤于思考与辩证的意识。

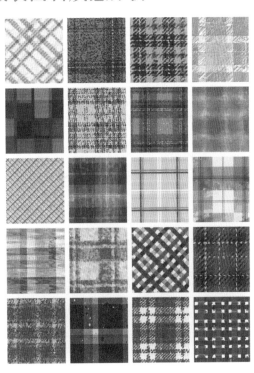

图 3-1

（2）培养对服饰搭配的艺术审美眼光。

3.1.3　重点难点

（1）重点：掌握服装面料按照季节的分类原理。
（2）难点：能正确匹配服装面料与季节的关系。

3.1.4　相关知识链接

1. 不同服装面料的特点

在服装世界中，服装面料五花八门，日新月异。但是从总体上讲，优质、高档的服装面料大都具有穿着舒适、吸汗透气、悬垂挺括、视觉高贵、触觉柔美等几个的特点。

制作在正式的社交场合穿着的服装，宜选纯棉、纯毛、纯丝、纯麻制品。以这四种纯天然质地面料制作的服装，大都档次较高。有时，穿着纯皮革制作的服装也是允许的。

（1）梭织面料（Woven Fabric）。梭织面料也称机织物，是把经纱和纬纱相互垂直交织在一起形成的织物。其基本组织有平纹（plain）、斜纹（twill）、缎纹（satin weave）三种。不同的梭织面料也是由这三种基本组织及其变化的组织构成，主要有雪纺（Chiffon）、牛津布（Oxford）、牛仔布（Denim）、斜纹布（Twill）、法兰绒（Flannel）、花缎（Damask）等。

（2）针织面料（Knitted Fabric）。针织面料是用织针将纱线或长丝勾成线圈，再把线圈相互串套而成的。由于针织物的线圈结构特征，单位长度内储纱量较多，因此，针织面料大多有很好的弹性。针织面料有单面和双面之分，主要有汗布（Single Jersey）、天鹅绒（Velour）、鸟眼布（Birdeyes）、网眼布（Mersh Fishnet）等。

（3）各类服装面料的具体特点。

①棉。常见棉有埃及长绒棉、美国棉、新疆棉、印度棉。优点：吸湿透气性好，手感柔软，穿着舒适；外观朴实，富有自然的美感，光泽柔和，染色性能好；耐碱和耐热性特别好。缺点：缺乏弹性且不挺括，容易皱褶；色牢度不高，容易褪色；衣服保型性差，洗后容易缩水和走形（缩水率通常为 4% ～ 12%）；特别怕酸，当浓硫酸沾染棉布时，棉布被烧出洞，当有酸（如醋）不慎弄到衣服上，应及时清洗以避免醋酸对衣服产生致命的破坏。衬衫的处置方式：液氨——不缩水，纳米——抗紫外线、抗油污（图 3-2）。

②丝光棉。丝光棉以棉为原料，经

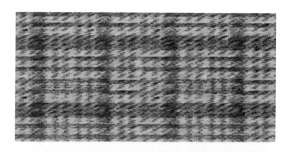
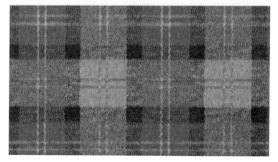

图 3-2

精纺制成高支纱，再经烧毛、丝光等特殊的加工工序，制成光洁亮丽、柔软抗皱的高品质丝光纱线。它不仅完全保留了原棉的优良天然特性，而且具有丝一般的光泽，手感柔软，弹性与悬垂感颇佳。该面料清爽、舒适、柔软、吸湿、透气，光泽度好。160S/3 的纱线是目前世界上最细的针织纱线。同时运用国内仅有的 36G 机织出细滑、不易变形、色彩鲜艳的最高级次的丝光棉面料。

③棉＋涤。从原料的搭配利用上说，棉本身就具有透气透汗的特性；更重要的是所搭配的涤纶为多孔变形涤纶，此涤纶纤维呈螺旋状且表面有很多沟槽，利于身体表面出汗所产生的湿气更快地导出。该面料触感柔软，体感舒适；有极强的吸汗功能，能迅速吸收、传导和转移人体表面的汗温，使衣服不易粘身，穿着感觉清凉、干爽、舒适，而且具有耐高温、抗酸碱侵蚀、耐磨的特性。

④涤纶。优点：强度高，耐磨经穿；颜色鲜艳且经久不褪色；手感滑腻，挺括、有弹性且不易走形，抗褶、抗缩；易洗快干，不必熨烫；耐酸、耐碱，不易侵蚀。缺点：透气性差，吸湿性更差，穿起来比较闷热；在干燥的季节（冬季）易产生静电而容易吸尘土；在摩擦处很容易起球，一旦起球就很难脱落。

⑤锦纶。优点：结实耐磨，是合成纤维中最耐磨、最结实的一种；质量比棉、粘胶纤维小；富有弹性，定型、保型程度仅次于涤纶；耐酸碱侵蚀，不霉不蛀。缺点：吸湿能力低，舒适性较差，但比腈纶、涤纶好；耐光、耐热性较差，久晒会发黄而老化；收缩性较大；服装穿久易起毛、起球。

⑥羊毛。优点：保暖、透气性好，抗皱，防污，抗静电，抗紫外线。缺点：易起毛球、缩水、产生毡化反应。羊毛受到摩擦和揉搓的时候，毛纤维就粘在一起，发生抽缩反映（就是通常说的缩水，20% 的缩水属于正常范围）。羊毛容易被虫蛀，常常摩擦会起球。羊毛不耐光和热，这对羊毛有致命的破坏。羊毛特别怕碱，清洗时要选择中性的洗涤剂，不然会引发羊毛缩水。

⑦丝。优点：富有光泽和弹性，有独特的"丝鸣感"，穿在身上有悬垂飘逸之感；具有很好的吸湿性，手感滑爽且柔软，比棉、毛更耐热。缺点：抗皱性比毛差；耐光性很差，不适合长时间晒在日光下；丝和毛一样，都属于蛋白质纤维，特别怕碱；丝制衣服容易吸身、不够结实；在光、水、碱、高温、机械摩擦下都会出现褪色，不宜用机械洗涤，最好干洗。

⑧粘胶纤维。以木浆、棉短绒为原料，从中提取自然纤维，再把这些自然纤维通过特殊工艺处置，最后制成粘胶纤维。粘胶纤维包括莫代尔纤维、哑光丝、粘纤、人造丝、人造棉（人棉）、人造毛。优点：具有很好的吸湿性（普通化纤中它的吸湿性是最强的）、透气性，穿着舒适感好；粘胶纤维织品光洁柔软，有丝绸感，手感滑爽，具有良好的染色性，而且不宜褪色。缺点：手感重，弹性差而且容易褶皱，且不挺括；不耐水洗、不耐磨、容易起毛、尺寸稳定性差、缩水率高；不耐碱、不耐酸。

⑨氨纶。优点：伸阔性大、保型性好，而且不起皱；手感柔软平滑、弹性好、穿着舒适、体贴合身；耐酸碱、耐磨、耐老化；具有良好的染色性，而且不易褪色。缺点：吸湿差；通常不单独使用，而是与其他服装面料进行混纺。

⑩皮。优点：有呼吸性能、耐用程度高、耐温高。真皮色泽暗亮柔和、仿皮色泽明亮。

⑪聚酯纤维。优点：弹性好、如丝般柔软、不易软、毛质柔软。缺点：透气差、易起静电及毛球。

⑫麻。优点：透气、有独特的凉爽感、出汗不粘身；色泽鲜艳、有较好的天然光泽、不易褪色、不易缩水；导热性、吸湿性比棉织物好，对酸碱反应不敏感，抗霉菌，不易受潮发霉；抗蛀、抗霉菌。缺点：手感粗糙，穿着不滑爽舒适，易起皱，悬垂性差；麻纤维钢硬，抱合力差（图3-3）。

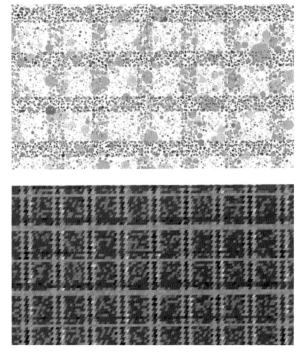

图 3-3

2. 服装面料与季节的视觉关系

所有的服装面料，用途特点不一，但是都具有6个视觉要素：厚和薄、有光和无光、镂空和密实、立体和平面、挺阔和垂感、肌理和精致。

除服装面料的色彩之外，掌握这六个视觉要素是服装搭配的重要基础。这属于服装面料与季节的视觉关系。

3.1.5　素质素养养成

（1）在服装面料概念的学习中，理解不同服装面料质感的组合搭配关系，形成对服装面料知识的整体认知，培养勤于思考和辩证的意识。

（2）在服装面料的分类原理的应用中，结合学生个人对服装面料的理解，通过相关的练习，按照时令季节正确匹配服装面料与质感。充分调动学生主动学习的兴趣，提高学生分析归纳的能力，培养学生对服饰搭配的艺术审美眼光。

3.1.6　任务分组

表 3-1　学生分组表

班级		组号		授课教师	
组长		学号			
组员	姓名	学号		姓名	学号

3.1.7　自主探学

任务工作单 3-1

组号：_____　姓名：_____　学号：_____　检索号：_____

引导问题 1：阐述服装面料的概念。

引导问题 2：阐述服装面料的分类原理。

任务工作单 3-2

组号：_____ 姓名：_____ 学号：_____ 检索号：_____

引导问题 1：阐述不同服装面料的视觉效果。

引导问题 2：如何按照时令季节正确匹配服装面料？

3.1.8 合作研学

任务工作单 3-3

组号：_____ 姓名：_____ 学号：_____ 检索号：_____

引导问题 1：小组讨论，教师参与，确定任务工作单 3-1 与任务工作单 3-2 的最优答案，并检讨自己存在的不足。

引导问题 2：每组推荐一个小组长进行汇报。个人结合汇报情况，再次检讨自己的不足。

3.1.9 评价反馈

任务工作单 3-4 自我检测表

组号：_____ 姓名：_____ 学号：_____ 检索号：_____

班级		组名		日期	年　月　日
评价指标	评价内容			分数	分数评定
信息收集能力	是否能有效利用网络、图书资源查找有用的相关信息等；是否能将查到的信息有效地传递到学习中			10分	
感知课堂生活	是否能在学习中获得满足感，是否对课堂生活有认同感			10分	
参与态度，沟通能力	是否积极主动地与教师、同学交流，相互尊重、理解，平等相待；与教师、同学之间是否能够保持多向、丰富、适宜的信息交流			10分	
	是否能处理好合作学习和独立思考的关系，做到有效学习；是否能提出有意义的问题或发表个人见解			10分	
知识、能力获得情况	是否能掌握服装面料的概念			10分	
	是否能掌握服装面料的分类原理			10分	
	是否能正确划分不同季节的服装面料			10分	
	棉 麻 丝 毛			10分	
辩证思维能力	是否能发现问题、提出问题、分析问题、解决问题、创新问题			10分	
自我反思	是否按时保质完成任务；是否能较好地掌握知识点；是否具有较为全面严谨的思维能力并能条理清晰地表达成文			10分	
自评分数					
总结提炼					

任务工作单 3-5　小组内互评验收表

组号：_____　　姓名：_____　　学号：_____　　检索号：_____

验收人组长		组名		日期	年　月　日
组内验收成员					
任务要求	掌握服装面料的概念；掌握服装面料的分类原理；能正确划分不同季节中的服装面料，具备文献检索的能力				
验收文档清单	被评价人完成的任务工作单 3-4				
	文献检索清单				
验收评分	评分标准		分数		得分
	解释服装面料的概念，错误不得分		20 分		
	解释服装面料的分类原理，错误不得分		20 分		
	正确划分不同季节中的服装面料，错一处扣 2 分		20 分		
	能理解棉、麻、丝、毛的定义，错一处扣 2 分		20 分		
	提供文献检索清单，少于 5 项，缺一项扣 4 分		20 分		
	评价分数				
不足之处					

任务工作单 3-6　小组间互评表

（听取各小组长汇报，同学打分）

被评组号：_____　　检索号：_____

班级		评价小组		日期	年　月　日
评价指标	评价内容		分数		分数评定
汇报表述	表述准确		15 分		
	语言流畅		10 分		
	准确反映小组完成任务情况		15 分		
内容正确度	内容正确		30 分		
	句型表达到位		30 分		
	互评分数				

任务工作单 3-7　任务完成情况评价表

组号：_____　姓名：_____　学号：_____　检索号：_____

任务名称	季节性服装面料质感分析			总得分	
评价依据	学生完成的所有任务工作单				
序号	任务内容及要求		配分	评分标准	教师评价
					结论 / 得分
1	服装面料的概念	描述正确	10 分	缺一个要点扣 1 分	
		语言表达流畅	10 分	酌情赋分	
2	服装面料的分类原理	描述正确	10 分	缺一个要点扣 1 分	
		语言流畅	10 分	酌情赋分	
3	不同季节中服装面料的特点	描述正确	10 分	缺一个要点扣 2 分	
		语言流畅	10 分	酌情赋分	
4	棉、麻、丝、毛的定义	描述正确	10 分	缺一个要点扣 2 分	
		语言流畅	10 分	酌情赋分	
5	至少包含 5 份检索文献的目录清单	数量	5 分	每少一个扣 2 分	
		参考的主要内容要点	5 分	酌情赋分	
6	素质素养评价	沟通交流能力	10 分	酌情赋分，但违反课堂纪律，不听从组长、教师安排的，不得分	
		团队合作			
		课堂纪律			
		合作探学			
		自主研学			
		培养勤于思考的意识			
		培养辩证的意识			
		培养对服饰搭配的艺术审美眼光			

任务 3.2　服装流行面料趋势分析

3.2.1　任务描述

根据图 3-1 所示的服装流行面料，从质感搭配的角度对服装流行面料进行组合搭配。

3.2.2　学习目标

1. 知识目标

（1）掌握服装流行面料的搭配分析方法。

（2）掌握根据质感对服装流行面料进行组合搭配的方法。

2. 能力目标

（1）能理解服装面料的流行元素。

（2）能正确根据质感组合服装流行面料。

3. 素养目标

（1）培养勤于思考与辩证的意识。

（2）培养对服饰搭配的艺术审美眼光。

3.2.3　重点难点

（1）重点：掌握服装流行面料的分析方法。

（2）难点：能正确根据质感进行服装流行面料的组合。

3.2.4　相关知识链接

1. 服装流行面料的搭配分析

服装流行面料搭配对比，一般指的是服装搭配中的材质视觉效果。服装流行面料搭配通常指上下装，高阶版搭配通常指上下与内外结合（图 3-4）。

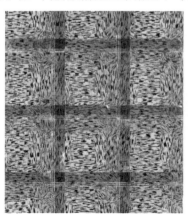 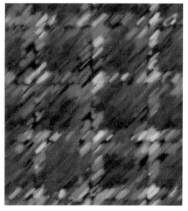

图 3-4

2. 服装流行面料的搭配法则

一般来说，服装流行面料搭配中材质的 6 个元素有 2 个不同为弱对比，有 4 个不同为中对比，有 6 个不同为强对比。

如图 3-5 所示，服装流行面料特征包括颜色和材质（材质的 6 大视觉元素）。具体情况如下。

（1）同色同质搭配。同色同质搭配是指在服装搭配中上下装使用同样的面料色彩和面料材质。

优点：表现的是单一服装面料的特征，给人浑然天成的整体效果，容易搭配得协调，传统稳重。

缺点：面料缺乏对比，容易显得单调、沉闷、呆板。

（2）同色异质搭配。同色异质搭配是指服装搭配中使用同样的面料色彩或图案、不同的面料材质。该方式可以很好地表现面料的质感，增加搭配

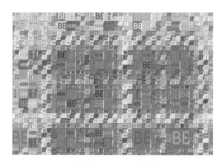

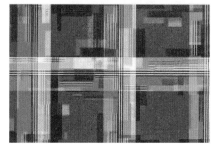

图 3-5

的层次感，使服饰形象更加丰满，而且对比较弱，不会很张扬。用这个方式打造低调奢华的效果最简单。

（3）异色同质搭配。异色同质搭配是指服装搭配中使用不同的面料色彩或图案、相同的面料材质。该方式对色彩的把控能力要求高，视觉冲击力较强，在变化中有统一，是普通人最喜欢用的方式。

（4）异色异质搭配。异色异质搭配是指服装搭配中使用不同的面料色彩或图案、不同的面料材质。该方式是最难把握的终极搭配方法。

优点：对比强烈，层次丰富，视觉冲击力强。

缺点：比较难把控，要考虑色彩和材质的统一和协调。

3. 服装流行面料的组合搭配方法

服装流行面料根据质感进行组合搭配，顾名思义就是按照顾客的身体外形条件、年龄、气质、瞳孔颜色和发色等条件，搭配出适宜穿着的服装，使其穿出最佳的效果（图 3-6）。

通常情况下，服装流行面料根据质感可以搭配出以下几种风格。

（1）古典型。面料：精致（按照场合调整光泽感），平时可以有光泽。

（2）自然型。面料：偏直线，但相对比较柔和，比例相对平衡，装饰性简约，局部出现放松状态。图案：颜色的图案边缘模糊，图案有必然的规则，但需控制间距。

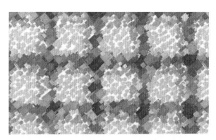

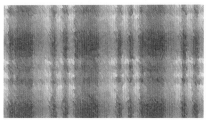

图 3-6

（3）新锐前卫型。面料：用质感对比（肌理对比）。

（4）阳光型。面料：质感的肌理线条，相对柔和的偏直线。

（5）浪漫型。面料：成熟、比例适中，线条柔和，可以局部出现曲线效果，服装采取松紧搭配，使用细节装饰（丝巾、首饰、腰带、手提）。

（6）戏剧型。面料设计的整体性强，回避散点设计，回避过度的分割，线条流畅，比例相对均衡，尺寸偏大，可以局部夸张，强调对比，回避薄透的面料。

3.2.5 素质素养养成

（1）在服装流行面料搭配分析的学习中，理解不同服装流行面料质感的组合搭配关系，形成对服装流行面料知识的整体认知，培养勤于思考和辩证的意识。

（2）在服装流行面料根据质感进行组合搭配的方法应用中，结合学生个人对服装流行面料的理解，通过相关的练习，从质感搭配的角度，对服装流行面料进行组合搭配。充分调动学生主动学习的兴趣，提高学生分析归纳的能力，培养学生对服饰搭配的艺术审美眼光。

3.2.6 任务分组

表 3-2 学生分组表

班级		组号		授课教师	
组长		学号			
组员	姓名	学号		姓名	学号

3.2.7 自主探学

组号：_____ 姓名：_____ 学号：_____ 检索号：_____

引导问题 1：阐述服装流行面料的搭配分析方法。

引导问题 2：阐述服装流行面料根据质感进行组合搭配的方法。

组号：_____ 姓名：_____ 学号：_____ 检索号：_____

引导问题：如何从质感搭配的角度，对服装流行面料进行组合搭配？

3.2.8 合作研学

组号：_____ 姓名：_____ 学号：_____ 检索号：_____

引导问题 1：小组讨论，教师参与，确定任务工作单 3-8 与任务工作单 3-9 的最优答案，并检讨自己存在的不足。

引导问题 2: 每组推荐一个小组长，进行汇报。个人结合汇报情况，再次检讨自己的不足。

3.2.9 评价反馈

任务工作单 3-11　自我检测表

组号：_____　姓名：_____　学号：_____　检索号：_____

班级		组名		日期	年　月　日
评价指标	评价内容			分数	分数评定
信息收集能力	能否有效利用网络、图书资源查找有用的相关信息等；能否将查到的信息有效地传递到学习中			10分	
感知课堂生活	是否能在学习中获得满足感，是否对课堂生活有认同感			10分	
参与态度，沟通能力	是否积极主动地与教师、同学交流，相互尊重、理解，平等相待；与教师、同学之间是否能够保持多向、丰富、适宜的信息交流			10分	
	是否能处理好合作学习和独立思考的关系，做到有效学习；是否能提出有意义的问题或发表个人见解			10分	
知识、能力获得情况	是否能掌握服装流行面料的搭配分析方法			10分	
	是否能掌握根据服装流行面料质感进行组合搭配的方法			10分	
	是否能从质感搭配的角度，对服装流行面料进行组合搭配			10分	
	古典型 自然型 新锐前卫型 阳光型			10分	
辩证思维能力	是否能发现问题、提出问题、分析问题、解决问题、创新问题			10分	
自我反思	是否按时保质完成任务；是否能较好地掌握知识点；是否具有较为全面严谨的思维能力并能条理清晰地表达成文			10分	
自评分数					
总结提炼					

任务工作单 3-12 小组内互评验收表

组号：＿＿＿＿＿＿ 姓名：＿＿＿＿＿＿ 学号：＿＿＿＿＿＿ 检索号：＿＿＿＿＿＿

验收人组长		组名		日期	年 月 日
组内验收成员					
任务要求	掌握服装流行面料的搭配分析方法；掌握服装流行面料根据质感进行组合搭配的方法；掌握古典型、自然型、新锐前卫型、阳光型搭配风格；能从质感搭配的角度，对流行服装面料进行组合搭配；具备文献检索的能力				
验收文档清单	被评价人完成的任务工作单 3-8				
	被评价人完成的任务工作单 3-9				
	文献检索清单				
验收评分	评分标准			分数	得分
	解释服装流行面料的搭配分析方法，错误不得分			20 分	
	解释服装流行面料根据质感进行组合搭配的方法，错误不得分			20 分	
	从质感搭配的角度，对服装流行面料进行组合搭配，错一处扣 2 分			20 分	
	能理解古典型、自然型、新锐前卫型、阳光型搭配风格的定义，错一处扣 2 分			20 分	
	提供文献检索清单，少于 5 项，缺一项扣 4 分			20 分	
	评价分数				
不足之处					

任务工作单 3-13 小组间互评表

（听取各小组长汇报，同学打分）

被评组号：＿＿＿＿＿＿＿＿＿＿＿＿＿＿＿＿＿＿ 检索号：＿＿＿＿＿＿

班级		评价小组		日期	年 月 日
评价指标	评价内容			分数	分数评定
汇报表述	表述准确			15 分	
	语言流畅			10 分	
	准确反映小组完成任务情况			15 分	
内容正确度	内容正确			30 分	
	句型表达到位			30 分	
	互评分数				

任务工作单 3-14 任务完成情况评价表

组号：_____ 姓名：_____ 学号：_____ 检索号：_____

任务名称	服装面料趋势分析			总得分		
评价依据	学生完成的所有工作任务单					
序号	任务内容及要求		配分	评分标准	教师评价	
					结论	得分
1	服装流行面料的搭配分析方法	描述正确	10分	缺一个要点扣1分		
		语言表达流畅	10分	酌情赋分		
2	服装流行面料根据质感进行组合搭配的方法	描述正确	10分	缺一个要点扣1分		
		语言流畅	10分	酌情赋分		
3	从质感搭配的角度，对服装流行面料进行组合搭配	描述正确	10分	缺一个要点扣2分		
		语言流畅	10分	酌情赋分		
4	古典型、自然型、新锐前卫型、阳光型搭配风格的区别	描述正确	10分	缺一个要点扣2分		
		语言流畅	10分	酌情赋分		
5	至少包含5份检索文献的目录清单	数量	5分	每少一个扣2分		
		参考的主要内容要点	5分	酌情赋分		
6	素质素养评价	沟通交流能力	10分	酌情赋分，但违反课堂纪律，不听从组长、教师安排的，不得分		
		团队合作				
		课堂纪律				
		合作探学				
		自主研学				
		培养勤于思考的意识				
		培养辩证的意识				
		培养对服饰搭配的艺术审美眼光				

项目 4　服装材质搭配

服装材质丰富多变，根据不同的时令季节选择合适的服装材质，进行不同服装材质的搭配，是服装搭配中的重要内容。

任务 4.1　春夏服装材质搭配

4.1.1　任务描述

能根据春夏服装选择合适的服装材质进行搭配。

4.1.2　学习目标

1. 知识目标

（1）掌握春季服装材质搭配的方法。

（2）掌握夏季服装材质搭配的方法。

2. 能力目标

（1）能理解春季服装材质搭配的不同方法。

（2）能理解夏季服装材质搭配的不同方法。

3. 素养目标

（1）培养勤于思考与辩证的意识。

（2）培养对服饰搭配的艺术审美眼光。

4.1.3　重点难点

（1）重点：掌握春夏服装材质搭配的具体方法。

（2）难点：能正确根据春夏季服装选择合适的服装材质进行搭配。

4.1.4　相关知识链接

1. 春季服装材质

春天的天气忽冷忽热，所以要选择具有一定保暖作用又柔软、透气、吸汗的衣服，如纯棉、纯丝绸的料子最适宜做内衣内裤，对皮肤有保养作用，不会引起皮肤瘙痒。春天早晚偏冷，建议外出时带外套。选择丝质料子做外套是最合适的，棉质料子能吸湿排汗，如冰丝罗文。冰丝是一种变性聚粘胶纤维，这种纤维的吸湿性、透气性比普通粘胶纤维好，同时具有比较好的保型性和悬垂性。冰丝具有棉的本质和丝的品质，是地道的生态纤维，源于天然而优于天然。在编织面料时，全部采用冰织线镶接，比一般的针织用线更为精细，使冰丝的冰凉效果更加锦上添花。中间冰丝滚条绳的嵌入，让面料清凉、透气，更具有舒适感。用冰丝面料制作的衣服具有光滑、凉爽、透气、抗静电、色彩绚丽等特点，但具有较强的亲水性，容易沾染污垢，一些污垢还有可能渗入纤维内部，所以穿着时间过长，就会有许多残渍不能彻底洗涤。因此，穿用冰丝衣物时要注意勤洗、勤换，不要等到污垢比较重了再洗。

在日常生活中，若一般衣物无明显污渍，可以局部清洗，也可以将洗衣液倒入盆中稀释，放入衣物浸泡20分钟后正常洗涤。冰丝衣物是针织品，纱线表面又比较光滑，容易被尖锐利器勾丝脱丝，因此，在穿用、洗涤、吸烫等各个环节都要注意。此外，冰丝衣物长时间受阳光和空气的影响会逐渐发硬，手感变得不够柔软。因此，冰丝衣物经过几次洗涤之后需要使用柔软剂进行处理（图4-1）。

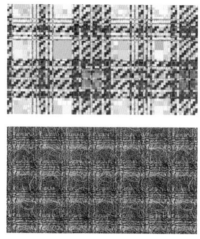

图4-1

2. 夏季服装材质

夏季服装材质中最常见的是莫代尔棉、雪纺、棉麻、欧根纱等，它们在夏季服装中都算是清凉、舒适的材质。

（1）在雪纺服装中，精致的无袖蕾丝背心拼接雪纺连衣裙是常见款式，它采用精致的蕾丝，后背V领设计非常显女人味，加上收腰的设计，整件衣服设计细腻，上身的效果大气、高端、优雅。

（2）莫代尔棉一般运用于短袖T恤。

（3）欧根纱是夏季服装材质中十分清凉的一种，它的造型多变，而且具有透视的性感。

4.1.5 素质素养养成

（1）在春夏服装材质搭配的学习中，理解春夏服装材质搭配的特点，形成对春夏服装材质搭配的整体认知，培养勤于思考和辩证的意识。

（2）在掌握春夏服装材质搭配类型中，结合个人对春夏服装材质的理解，通过相关的练习，能根据春夏季服装选择合适的材质进行搭配。充分调动学生主动学习的兴趣，提高学生分析归纳的能力，培养学生对服饰搭配的艺术审美眼光。

4.1.6　任务分组

表 4-1　学生分组表

表 4-1　学生分组表

班级		组号		授课教师	
组长		学号			
组员	姓名	学号		姓名	学号

4.1.7　自主探学

任务工作单 4-1

组号：_____　姓名：_____　学号：_____　检索号：_____

引导问题 1：阐述春夏服装材质的特色。

引导问题 2：阐述春夏服装材质的搭配方法。

组号：_____ 姓名：_____ 学号：_____ 检索号：_____

引导问题 1：阐述春季服装材质的质感特色。

引导问题 2：阐述夏季服装材质的质感特色。

4.1.8 合作研学

任务工作单 4-3

组号：_____ 姓名：_____ 学号：_____ 检索号：_____

引导问题 1：小组讨论，教师参与，确定任务工作单 4-1 和任务工作单 4-2 的最优答案，并检讨自己存在的不足。

引导问题 2：每组推荐一个小组长进行汇报。个人结合汇报情况，再次检讨自己的不足。

4.1.9 评价反馈

任务工作单 4-4 自我检测表

组号：_____ 姓名：_____ 学号：_____ 检索号：_____

班级		组名		日期	年 月 日
评价指标	评价内容			分数	分数评定
信息收集能力	能否有效利用网络、图书资源查找有用的相关信息等；能否将查到的信息有效地传递到学习中			10分	
感知课堂生活	是否能在学习中获得满足感，是否对课堂生活有认同感			10分	
参与态度，沟通能力	是否积极主动地与教师、同学交流，相互尊重、理解、平等相待；与教师、同学之间是否能够保持多向、丰富、适宜的信息交流			10分	
	是否能处理好合作学习和独立思考的关系，做到有效学习；是否能提出有意义的问题或发表个人见解			10分	
知识、能力获得情况	是否能掌握春夏服装材质的特色			10分	
	是否能掌握春夏服装材质搭配的方法			10分	
	是否能根据春夏服装选择合适的服装材质进行搭配			10分	
	春季服装材质 夏季服装材质			10分	
辩证思维能力	是否能发现问题、提出问题、分析问题、解决问题、创新问题			10分	
自我反思	是否按时保质完成任务；是否能较好地掌握知识点；是否具有较为全面严谨的思维能力并能条理清晰地表达成文			10分	
自评分数					
总结提炼					

任务工作单4-5 小组内互评验收表

组号：_____ 姓名：_____ 学号：_____ 检索号：_____

验收人组长		组名		日期	年　月　日
组内验收成员					
任务要求	掌握春夏服装材质的特色；掌握春夏服装材质的搭配方法；能根据春夏服装选择合适的服装材质进行搭配，具备文献检索的能力				
验收文档清单	被评价人完成的任务工作单4-1				
	被评价人完成的任务工作单4-2				
	文献检索清单				
验收评分	评分标准			分数	得分
	解释春季服装材质的特色，错误不得分			20分	
	描述春夏服装材质搭配的方法，错误不得分			20分	
	能正确划分不同休闲服装风格的类型，错一处扣2分			20分	
	能根据春夏服装选择合适的服装材质进行搭配，错一处扣6分			20分	
	提供文献检索清单，少于5项，缺一项扣4分			20分	
	评价分数				
不足之处					

任务工作单4-6 小组间互评表

（听取各小组长汇报，同学打分）

被评组号：_____ 检索号：_____

班级		评价小组		日期	年　月　日
评价指标	评价内容			分数	分数评定
汇报表述	表述准确			15分	
	语言流畅			10分	
	准确反映小组完成任务情况			15分	
内容正确度	内容正确			30分	
	句型表达到位			30分	
	互评分数				

任务工作单 4-7 任务完成情况评价表

组号：_____　姓名：_____　学号：_____　检索号：_____

任务名称	春夏服装材质搭配				总得分		
评价依据	学生完成的所有任务工作单						
序号	任务内容及要求		配分	评分标准	教师评价	
					结论	得分
1	春夏服装材质的特色	描述正确	10分	缺一个要点扣1分		
		语言表达流畅	10分	酌情赋分		
2	春夏服装材质搭配的方法	描述正确	10分	缺一个要点扣1分		
		语言流畅	10分	酌情赋分		
3	能根据春季服装选择合适的服装材质进行搭配	描述正确	10分	缺一个要点扣2分		
		语言流畅	10分	酌情赋分		
4	能根据夏季服装选择合适的服装材质进行搭配	描述正确	10分	缺一个要点扣3分		
		语言流畅	10分	酌情赋分		
5	至少包含5份检索文献的目录清单	数量	5分	每少一个扣2分		
		参考的主要内容要点	5分	酌情赋分		
6	素质素养评价	沟通交流能力	10分	酌情赋分，但违反课堂纪律，不听从组长、教师安排的，不得分		
		团队合作				
		课堂纪律				
		合作探学				
		自主研学				
		培养勤于思考的意识				
		培养辩证的意识				
		培养对服饰搭配的艺术审美眼光				

任务 4.2 秋冬服装材质搭配

4.2.1 任务描述

能根据秋冬服装选择合适的服装材质进行搭配。

4.2.2 学习目标

1. 知识目标

（1）掌握秋季服装材质搭配的方法。

（2）掌握冬季服装材质搭配的方法。

2. 能力目标

（1）能理解秋季服装材质搭配的不同方法。

（2）能理解冬季服装材质搭配的不同方法。

3. 素养目标

（1）培养勤于思考与辩证的意识。

（2）培养对服饰搭配的艺术审美眼光。

4.2.3 重点难点

（1）重点：掌握秋冬服装材质搭配的具体方法。

（2）难点：能正确根据秋冬服装选择合适的服装材质进行搭配。

4.2.4 相关知识链接

1. 秋冬服装材质

（1）秋季服装材质。

①雪绒棉卫衣织物。雪绒棉就是雪花绒，它的主要成分是棉，大部分选用百分百棉为原材料，此类织物除具有较好的保暖效果外，还有耐磨及抗起球的特性，布料弹性适中，不易留下褶皱，特别适合用作卫衣、卫裤及秋冬大衣的生产布料。

②粗纺毛呢织物。这类材质一般都是由毛和其他化学纤维混纺而成，动物皮毛（常见的为羊毛）的保暖效果很好，粗纺使服装更加厚实，与化学纤维混纺后使工作装更具挺括性，上述特性决定了该材质适合制作秋冬大衣及西服、西裤等工作装。

③纯棉布料。纯棉不仅保暖而且吸湿透气，是秋天长袖衣物的极佳选择，而且纯棉的整理技术已经成熟，生产成本也随之降低。纯棉的缺陷是在清洗后容易出现缩水或者起球的情况。

（2）冬季服装材质。

①羊绒。羊绒衫或羊绒制品是非常暖和的。羊绒材质种类很多，最常见的是山羊

绒，较为珍贵的有小山羊绒，其是从山羊羔身上索取的绒毛，质地更为柔软，价格更为昂贵。此外，被誉为羊绒之王的是骆马毛。骆马毛的全球产量大概一年只有几千公斤。羊绒面料的吸湿性和保暖性非常好，而且很轻盈，但是羊绒制品打理起来比较麻烦，尤其会起球，而且在保养的时候不能用水洗。

②羊毛。相比羊绒，羊毛制品通常比较便宜。羊绒拿在手里更轻、更薄，手感更滑；羊毛拿在手里，感觉有一点扎人，如果毛衣特别扎人，就是因为织毛衣的毛线大部分都是用羊毛织成的。由此，可以看到羊毛和羊绒的区别。此外，羊毛材质更加挺括，羊绒材质通常比较柔软，羊毛材质的吸水性强，但是不太容易缩水，而且硬朗的质地让羊毛不容易起球。

③灯芯绒。灯芯绒是除羊绒、羊毛外，冬季服装中比较经典耐看的材质之一。灯芯绒脱胎于天鹅绒，所以自带一种光泽感，而且灯芯绒因为具有明暗交织的条纹所以显瘦效果非常好，尤其是宽的灯芯绒看上去更具复古风格。灯芯绒的颜色选择非常多，通常适合做西装外套或裤子，做内搭感觉不是特别舒适。灯芯绒的外套或者灯芯绒的裤子，还有灯芯绒的小帽子，都可以展现出复古的造型。灯芯绒的日常保养非常简单，可以用 30 ℃左右的温水洗涤，注意不要用力揉搓，日常穿着的时候，如果沾上尘土或其他的杂物，用透明胶带清理就可以了，不能用开水烫。在熨烫的时候也要选择低一点的温度。

④羽绒。羽绒制品在秋冬季节最受欢迎，尤其是寒冷的冬天。由于羊绒的珍贵性及难打理性，许多人对其避而远之，改而选择既好打理又很保暖的鸭绒羽绒服。鸭绒羽绒服材质可分为白鸭绒、灰鸭绒及鹅绒，保暖性较好。羽绒服的保暖性取决于充绒量，同时也取决于充绒的种类。鹅绒多用于高端羽绒服，一方面是因为鹅绒比较少见，另一方面是因为少量的薄鹅绒就可以达到很好的保暖效果。总体上来说，充绒量越高，羽绒服的保暖性越好。

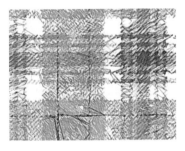

2. 秋冬服装材质搭配（图 4-2）

（1）秋季。草木萧疏、满地黄叶的秋季最能体现"整体着装"的方式，服装材质的选择可以多样化，蓬松的质地和柔软的裁剪值得考虑。

（2）冬季。寒极暖至，在冬季也可以以整齐、精致的搭配形象出现，服装材质可以以羊毛、羊绒、驼绒为原料。可以精纺也可以粗纺。

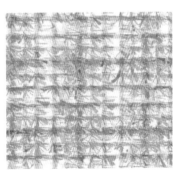

4.2.5 素质素养养成

（1）在秋冬服装材质搭配的学习中，理解秋冬服装材质搭配的特点，形成对秋冬服装材质搭配的整体认知，培养勤于思考和辩证的意识。

（2）在掌握秋冬服装材质搭配类型中，结合个人对秋冬服装材质的理解，通过相关的练习，能根据秋冬服

图 4-2

装选择合适的服装材质进行搭配。充分调动学生主动学习的兴趣，提高学生分析归纳的能力，培养学生对服饰搭配的艺术审美眼光。

4.2.6　任务分组

表 4-2　学生分组表

班级		组号		授课教师	
组长		学号			
组员		姓名	学号	姓名	学号

4.2.7　自主探学

任务工作单 4-8

组号：_____　姓名：_____　学号：_____　检索号：_____

引导问题 1：阐述秋冬服装材质的特色。

引导问题 2：阐述秋冬服装材质的搭配方法。

组号：_____ 姓名：_____ 学号：_____ 检索号：_____

引导问题 1：阐述秋季服装材质的质感特色。

引导问题 2：阐述冬季服装材质的质感特色。

4.2.8 合作研学

任务工作单 4-10

组号：_____ 姓名：_____ 学号：_____ 检索号：_____

引导问题 1：小组讨论，教师参与，确定任务工作单 4-8 和任务工作单 4-9 的最优答案，并检讨自己存在的不足。

引导问题 2：每组推荐一个小组长进行汇报。个人结合汇报情况，再次检讨自己的不足。

4.2.9 评价反馈

组号：_____ 姓名：_____ 学号：_____ 检索号：_____

班级		组名		日期	年 月 日
评价指标	评价内容			分数	分数评定
信息收集能力	是否能有效利用网络、图书资源查找有用的相关信息等；是否能将查到的信息有效地传递到学习中			10分	
感知课堂生活	是否能在学习中获得满足感，是否对课堂生活有认同感			10分	
参与态度，沟通能力	是否积极主动地与教师、同学交流，相互尊重、理解，平等相待；与教师、同学之间是否能够保持多向、丰富、适宜的信息交流			10分	
	是否能处理好合作学习和独立思考的关系，做到有效学习；是否能提出有意义的问题或发表个人见解			10分	
知识、能力获得情况	是否能掌握秋冬服装材质的特色			10分	
	是否能掌握秋冬服装材质搭配的方法			10分	
	是否能根据秋冬服装选择合适的服装材质进行搭配			10分	
	秋季服装材质 冬季服装材质			10分	
辩证思维能力	是否能发现问题、提出问题、分析问题、解决问题、创新问题			10分	
自我反思	是否按时保质完成任务；是否能较好地掌握知识点；是否具有较为全面严谨的思维能力并能条理清晰地表达成文			10分	
	自评分数				
总结提炼					

任务工作单 4-12 小组内互评验收表

组号：_____ 姓名：_____ 学号：_____ 检索号：_____

验收人组长		组名		日期	年 月 日
组内验收成员					
任务要求	掌握秋冬服装材质的特色；掌握秋冬服装材质搭配的方法；能根据秋冬服装选择合适的服装材质进行搭配；具备文献检索的能力				
验收文档清单	被评价人完成的任务工作单 4-8				
	被评价人完成的任务工作单 4-9				
	文献检索清单				
验收评分	评分标准		分数		得分
	解释秋季服装材质的特色，错误不得分		20 分		
	描述秋冬服装材质搭配的方法，错误不得分		20 分		
	能正确划分不同休闲服装风格的类型，错一处扣 2 分		20 分		
	能根据秋冬服装选择合适的服装材质进行搭配，错一处扣 6 分		20 分		
	提供文献检索清单，少于 5 项，缺一项扣 4 分		20 分		
	评价分数				
不足之处					

任务工作单 4-13 小组间互评表

（听取各小组长汇报，同学打分）

被评组号：_____ 检索号：_____

班级		评价小组		日期	年 月 日
评价指标	评价内容		分数		分数评定
汇报表述	表述准确		15 分		
	语言流畅		10 分		
	准确反映小组完成任务情况		15 分		
内容正确度	内容正确		30 分		
	句型表达到位		30 分		
	互评分数				

组号：_____　姓名：_____　学号：_____　检索号：_____

任务名称	秋冬服装材质搭配				总得分	
评价依据	学生完成的所有任务工作单					
序号	任务内容及要求		配分	评分标准	教师评价	
					结论	得分
1	秋冬服装材质的特色	描述正确	10分	缺一个要点扣1分		
		语言表达流畅	10分	酌情赋分		
2	秋冬服装材质搭配的方法	描述正确	10分	缺一个要点扣1分		
		语言流畅	10分	酌情赋分		
3	能根据秋季服装选择合适的服装材质进行搭配	描述正确	10分	缺一个要点扣2分		
		语言流畅	10分	酌情赋分		
4	能根据冬季服装选择合适的服装材质进行搭配	描述正确	10分	缺一个要点扣3分		
		语言流畅	10分	酌情赋分		
5	至少包含5份检索文献的目录清单	数量	5分	每少一个扣2分		
		参考的主要内容要点	5分	酌情赋分		
6	素质素养评价	沟通交流能力	10分	酌情赋分，但违反课堂纪律，不听从组长、教师安排的，不得分		
		团队合作				
		课堂纪律				
		合作探学				
		自主研学				
		培养勤于思考的意识				
		培养辩证的意识				
		培养对服装搭配的艺术审美眼光				

服装款式指服装的式样，通常指形状因素，是造型要素中的一种。

服装款式是构成服装设计的三大要素（款式、色彩、面料）之一，也是服装设计的重要环节和构成服装形式美的重要基础。本模块要求了解服装款式的基本类型和服装廓形变化的要素，重点掌握服装款式的分辨方法并能熟练用于服装的搭配。

项目 5　廓形认知

任务 5.1　服装廓形特征分析

5.1.1　任务描述

根据廓形（A形、H形、X形、T形、O形）及案例的款式匹配，列出不同服装款式的廓形（如衬衣、大衣、连衣裙、西服），完成款式与廓形的匹配表。

5.1.2　学习目标

1. 知识目标

（1）掌握服装廓形的概念。

（2）掌握服装廓形的分类原理。

2. 能力目标

（1）能理解不同廓形服装的肩部、腰部、底摆的组合关系。

（2）能正确匹配服装的款式与廓形。

3. 素养目标

（1）培养勤于思考与辩证的意识。

（2）培养对服饰搭配的艺术审美眼光。

5.1.3　重点难点

（1）重点：掌握服装廓形的分类原理。

（2）难点：能正确匹配服装的款式与廓形。

5.1.4 相关知识链接

1. 人体的体型特征与划分

体型指身体的外形特征与体格类型。体型美是指人的整体和人体各部位之间的比例关系恰当，形成优美、和谐的外观体征。人体体型的差别与人类的历史进化、人种和种族的区别、自然地理环境、物质文化生活及风俗习惯等均有密切的关系。根据人体肩膀、胸部、腰部、臀部四部分的不同比例关系，可以将体型划分为四种类型（图5-1）。

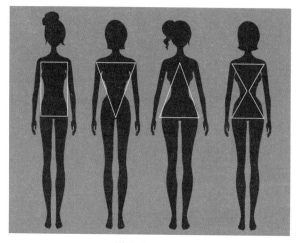

微课：人体的
体型特征

图 5-1

（1）长方形。这种体型又叫作 H 型，女性的胸、腰、臀三围缺乏曲线感，尤其腰部曲线不明显，外轮廓呈现直上直下的体型特点，概括为长方形。

（2）三角形。这种体型体现出从腰部到臀部的下半身比例较大，腹部与臀部的脂肪堆积较多，呈现三角型的特点，视觉上给人肥胖的感觉，这类体型又叫作梨形。

（3）倒三角形。这种体型的特征是肩宽臀窄，在整体的比例上呈现上宽下窄的倒三角形特点，这类体型也叫作 T 形。

（4）沙漏形。这种体型是女士的理想身型，一般特点为身形修长，三围比例匀称，胸臀丰满，腰部纤细，无明显脂肪堆积，形状上像一个沙漏，也称为 S 形。

通过以上不同体型的比对，可以发现自己究竟是什么样的体型，了解自己的身材和体型特征以后，可以购买适合自己的服装，有效管理自己的衣橱，进行有效穿搭。

2. 服装廓形知识

服装廓形就是服装外部造型的轮廓，它是区别和描述服装的重要特征。服装廓形是服装款式造型的第一要素，服装廓形的变化影响着服装流行时尚的变迁。服装廓形变化的几个关键部位为肩、腰、臀及底摆。服装廓形的变化主要是对这几个部位的强调或弱化。

服装廓形按几何表示法分类，可分为三角形、方形和圆形等；按物态表示法分类，可分为蛋形、花苞形、沙漏形、钟形、郁金香形、美鱼尾形和喇叭形等。一般说来，生活中常用的分类法是法国

微课：服装廓形

著名设计师克莉斯汀·迪奥创造的字母分类法，这是一种以英文字母形态表现服装造型特征的方法，现代服装界最典型的服装廓形有 A 形、H 形、X 形、T 形、O 形 5 种。A 形即窄肩，由腋下逐渐变宽的廓形；H 形是平肩，不收紧腰部，筒形下摆的廓形；X 形是有着自然的肩部线条，明显的胸部、腰线、臀线设计的廓形；T 形是肩部夸张，下摆内收形成上宽下窄的廓形；O 形是肩部、腰部及下摆处没有明显的棱角，特别是腰部线条宽松，形成椭圆形的廓形（图 5-2）。

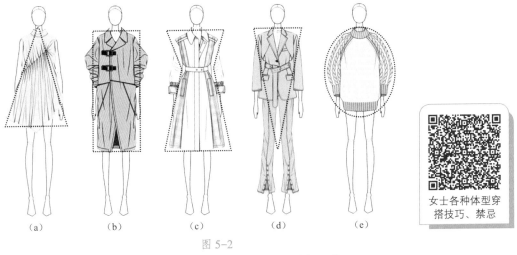

图 5-2

（a）A 形；（b）H 形；（c）X 形；（d）T 形；（e）O 形

（1）A 形。A 形是从上至下像梯形，逐渐展开贯穿的外形，以不收腰、宽下摆，或收腰、宽下摆为基本特征。上衣一般肩部较窄或裸肩，衣摆宽松肥大；裙子和裤子均以紧腰阔摆为特征。整个廓形类似大写字母 A，给人可爱、活泼而浪漫的感觉（图 5-3）。

（2）H 形。H 形是一种平直廓形，上衣和大衣以不收腰、等宽下摆为基本特征。衣身呈直筒状；裙子和裤子也以上下等宽的直筒状为特征。它弱化肩、腰、臀的宽度差异，外轮廓类似矩形。整体类似大写字母 H，具有挺括、简洁之感。此类服装由于放松了腰部，因而能掩饰腰部的臃肿感，总体上穿着舒适，风格轻松，具有利落、洒脱的特点（图 5-4）。

图 5-3

图 5-4

（3）X形。X形的上衣和大衣以宽肩、宽摆、收腰为基本特征（图5-5）。这是一种具有女性色彩的廓形，整体造型优雅而又不失活泼感。X形又被称为沙漏形，是礼服常用的廓形。

图5-5

（4）T形。T形廓形与A形廓形相反，其造型特点是肩部夸张，下摆内收形成上宽下窄的T形效果。此类服装上宽下窄，通过夸张肩部，收紧下摆，获得洒脱、干练、威严等造型感。这类廓形的结构线以斜线为主，轻快、洒脱而富有男性气息，具有较强的中性化色彩。T形廓形多用于男装和较夸张的表演装或前卫风格服装款式（图5-6）。

（5）O形。O形服装的肩部、腰部及下摆没有明显的棱角，特别是腰部线条松弛，不收腰，整体造型较为丰满、圆润，它呈现出圆润观感，可以掩饰身材的缺陷。O形的造型重点在腰部，通过对腰部的夸大，肩部适体，下摆收紧，使整体呈现圆润的观感。充满幽默而时尚的气息是此种廓形独有的特点，多用于创意服装的设计。此廓形的结构线以长弧线为主，体现出休闲、舒适、随意的造型效果。常见的生活装如蚕形大衣等（图5-7）。

图5-6

图5-7

5.1.5　素质素养养成

（1）在服装廓形概念的理解学习中，理解不同廓形服装的肩部、腰部、底摆的组合关系，形成对服装廓形知识的整体认知，培养勤于思考和辩证的意识。

（2）在服装廓形的分类原理的应用中，结合个人对服装廓形的理解，通过相关的练习，正确匹配服装的款式与廓形。充分调动学生主动学习的兴趣，提高学生分析归纳的能力，培养学生对服饰搭配的艺术审美眼光。

5.1.6 任务分组

表 5-1 学生分组表

班级		组号		授课教师	
组长		学号			
组员		姓名	学号	姓名	学号

5.1.7 自主探学

任务工作单 5-1

组号：_____ 姓名：_____ 学号：_____ 检索号：_____

引导问题 1：阐述服装廓形的概念。

引导问题 2：阐述服装廓形的分类原理。

组号：_____ 姓名：_____ 学号：_____ 检索号：_____

引导问题 1：阐述不同廓形服装的肩部、腰部、底摆的组合关系。

引导问题 2：如何正确匹配服装的款式与廓形？

5.1.8 合作研学

组号：_____ 姓名：_____ 学号：_____ 检索号：_____

引导问题 1：小组讨论，教师参与，确定任务工作单 5-1 和 5-2 的最优答案，并检讨自己存在的不足。

引导问题 2：每组推荐一个小组长进行汇报。个人结合汇报情况，再次检讨自己的不足。

5.1.9 评价反馈

任务工作单 5-4 自我检测表

组号: _____ 姓名: _____ 学号: _____ 检索号: _____

班级		组名		日期	年 月 日
评价指标	评价内容			分数	分数评定
信息收集能力	是否能有效利用网络、图书资源查找有用的相关信息等；是否能将查到的信息有效地传递到学习中			10分	
感知课堂生活	是否能在学习中获得满足感，是否对课堂生活有认同感			10分	
参与态度，沟通能力	是否积极主动地与教师、同学交流，相互尊重、理解，平等相待；与教师、同学之间是否能够保持多向、丰富、适宜的信息交流			10分	
	是否能处理好合作学习和独立思考的关系，做到有效学习；是否能提出有意义的问题或发表个人见解			10分	
知识、能力获得情况	是否能掌握服装廓形的概念			10分	
	是否能掌握服装廓形的分类原理			10分	
	是否能正确划分不同款式服装的廓形			10分	
	A 形 H 形 X 形 T 形 O 形			10分	
辩证思维能力	是否能发现问题、提出问题、分析问题、解决问题、创新问题			10分	
自我反思	是否按时保质完成任务；是否能较好地掌握知识点；是否具有较为全面严谨的思维能力并能条理清晰地表达成文			10分	
自评分数					
总结提炼					

任务工作单 5-5 小组内互评验收表

组号：_____ 姓名：_____ 学号：_____ 检索号：_____

验收人组长		组名		日期	年　月　日
组内验收成员					
任务要求	掌握服装廓形的概念；掌握服装廓形的分类原理；能正确划分不同款式服装的廓形（A 形、H 形、X 形、T 形、O 形）；具备文献检索的能力				
验收文档清单	被评价人完成的任务工作单 5-1				
	被评价人完成的任务工作单 5-2				
	文献检索清单				
验收评分	评分标准			分数	得分
	解释服装廓形的概念，错误不得分			20 分	
	解释服装廓形的分类原理，错误不得分			20 分	
	正确划分不同款式服装的廓形，错一处扣 4 分			20 分	
	能举例说明 A 形、H 形、X 形、T 形、O 形服装的款式特点，错一处扣 4 分			20 分	
	提供文献检索清单，少于 5 项，缺一项扣 4 分			20 分	
评价分数					
不足之处					

任务工作单 5-6 小组间互评表

（听取各小组长汇报，同学打分）

被评组号：_____ 检索号：_____

班级		评价小组		日期	年　月　日
评价指标	评价内容			分数	分数评定
汇报表述	表述准确			15 分	
	语言流畅			10 分	
	准确反映小组完成任务情况			15 分	
内容正确度	内容正确			30 分	
	句型表达到位			30 分	
互评分数					

任务工作单 5-7　任务完成情况评价表

组号：＿＿＿＿＿　姓名：＿＿＿＿＿　学号：＿＿＿＿＿　检索号：＿＿＿＿＿

任务名称	服装廓形特征分析				总得分	
评价依据	学生完成的所有任务工作单					
序号	任务内容及要求		配分	评分标准	教师评价	
					结论	得分
1	服装廓形的概念	描述正确	10 分	缺一个要点扣 1 分		
		语言表达流畅	10 分	酌情赋分		
2	服装廓形的分类原理	描述正确	10 分	缺一个要点扣 1 分		
		语言流畅	10 分	酌情赋分		
3	不同款式服装廓形的定义	描述正确	10 分	缺一个要点扣 2 分		
		语言流畅	10 分	酌情赋分		
4	A 形、H 形、X 形、T 形、O 形服装的款式特点	描述正确	10 分	缺一个要点扣 2 分		
		语言流畅	10 分	酌情赋分		
5	至少包含 5 份检索文献的目录清单	数量	5 分	每少一个扣 2 分		
		参考的主要内容要点	5 分	酌情赋分		
6	素质素养评价	沟通交流能力	10 分	酌情赋分，但违反课堂纪律，不听从组长、教师安排的，不得分		
		团队合作				
		课堂纪律				
		合作探学				
		自主研学				
		培养勤于思考的意识				
		培养辩证的意识				
		培养对服饰搭配的艺术审美眼光				

项目 6 款式搭配

服装款式千变万化，不同的穿着群体、不同的穿着方式，形成了不同的服装风格，以适合不同的穿着场所。能根据不同场合选择合适的服装风格进行不同服装款式的搭配，是服装搭配的重要内容。

任务 6.1 休闲风格款式搭配

6.1.1 任务描述

能根据不同的休闲风格选择合适的服装款式进行搭配。

6.1.2 学习目标

1. 知识目标

（1）掌握休闲风格服装的概念。

（2）掌握休闲风格服装的典型款式类型。

2. 能力目标

（1）能理解休闲风格服装的不同类型。

（2）能正确匹配不同类型的休闲风格服装和服装款式。

3. 素养目标

（1）培养勤于思考与辩证的意识。

（2）培养对服饰搭配的艺术审美眼光。

6.1.3 重点难点

（1）重点：掌握不同类型的休闲风格服装。

（2）难点：能正确匹配不同类型的休闲风格服装和服装款式。

6.1.4 相关知识链接

1. 休闲风格服装的定义

休闲风格服装俗称便装，是指进行休闲活动时所穿的服装，如居家、健身、娱乐、逛街、旅游等场合中所穿的服装。穿着休闲风格服装追求的是舒适、方便、自然、无拘无束的感觉。

2. 休闲风格服装的款式

休闲风格服装的款式十分丰富，款式搭配也多种多样（图 6-1）。

图 6-1

（1）男士休闲风格服装款式。

①男士休闲上装：休闲 T 恤、休闲衬衫、休闲毛衣、休闲卫衣、棒球服、休闲西服、休闲夹克、休闲牛仔服等。

②男士休闲下装：休闲裤、卫裤、棉麻裤、休闲牛仔裤等。

（2）女士休闲风格服装款式。

①女士休闲上装：休闲 T 恤、休闲衬衫、休闲毛衣、休闲卫衣、棒球服、休闲西服、休闲夹克、休闲牛仔服等。

②女士休闲下装：休闲裤、棉麻裤、休闲牛仔裤、阔腿裤、休闲背带裤等。

③女士休闲裙装：休闲背带裙、休闲连衣裙、休闲半身裙等。

3. 典型休闲风格服装类型和搭配特征

休闲风格是以穿着视觉上的轻松、随意，穿着上舒适为主。其受众年龄层跨度较大，是适应多个阶层日常穿着的服装风格。休闲风格服装在造型元素的使用上没有太明显的倾向性，搭配随意多变，具有多种流行特征，一般有休闲衬衣、牛仔装、运动装、夹克、T 恤等款式。

（1）时尚型休闲风格。时尚型休闲风格服装是紧跟时尚潮流，追求前卫个性的一类休闲风格服装。这类服装属于流行服装类别，通常是年轻的时髦一族张扬个性、追求现代感的主要着装，拥有广泛的消费群体，一般用于逛街、购物、走亲、访友、娱乐等休闲场合。时尚型休闲风格服装款式搭配通常无固定模式，强调随意性，注重体现穿着者个性的体现，在服装与服饰的搭配上可同时使用多种元素，形成了多样的服装风格。

①典型风格 A：朋克休闲风格。朋克（Punk）又译为庞克，诞生于 20 世纪 70 年代中期，其最早作为一种摇滚乐手的穿搭风格，后逐渐影响了一代年轻人的穿搭，形成朋克风潮，成为一种经典搭配风格。提起朋克，所有人心中都会联想到固定的元素，如烟熏妆、机车夹克、破洞牛仔裤、铆钉、锁链、口号 T 恤、骷髅头等，它展现出一种特立独行、叛逆的着装风格。

今天的朋克休闲风格在保留了朋克风格中的经典元素的同时，融入了更多流行时尚元素，成为年轻人体现自我个性的穿搭风格。代表性的搭配款式有皮质机车夹克、紧身牛仔裤、皮靴，流苏皮包、金属项链等（图6-2）。

　　②典型风格B：街头休闲风格。街头风源自20世纪70年代的黑人文化发展，超大尺码的服装是街头风的经典款式。到了21世纪，街头文化传播到世界各地，对于今天的年轻人来说，街头休闲风格服装已经成为潮酷和时尚的象征。字母图案卫衣、T恤、棒球衫、棒球帽、牛仔裤、工装组成街头休闲风格服装的基本款式。街头休闲风格服装跟随流行的变化有多种搭配形式，如宽松棒球衫、阔腿牛仔裤、球鞋的搭配都受到当下年轻人的喜爱（图6-3）。

图6-2　　　　　　　　　　　　　　　　　　图6-3

　　（2）运动型休闲风格。运动型休闲风格服装借鉴运动服装的设计元素，具有青春气息，充满活力，它以良好的时尚性、功能性和运动感赢得了大众的青睐，表现了健康、朝气蓬勃、乐观向上的形象特征。运动型休闲风格服装具有运动服装和休闲服装的双重功能，便于身体活动，能使人在日常休闲运动中舒展自如，人们在日常生活中也经常穿着。

运动型休闲风格
服装搭配技巧

　　运动型休闲风格服装廓形多为H形、O形，款式自然宽松、舒适合体且便于活动。面料多选用透气性强的针织面料，或可以突出运动的功能性材料。其色彩比较鲜艳明亮，白色以及各种不同明度的红色、黄色、蓝色等在运动型休闲风格服装中经常出现，图案多以大面积色块和品牌商标作为装饰。上衣款式以卫衣、T恤、POLO衫、夹克等为主，下装有牛仔裤、休闲裤和运动休闲裙等，鞋子多搭配板鞋、帆布鞋和运动鞋等（图6-4）。

　　（3）简约型休闲风格。简约型休闲风格以其独有的舒适感赢得了大众的青睐，是日常生活中很流行的穿搭风格之一。简约型休闲风格并不意味着简单随便的穿搭，要想打造简约型休闲风格，首先要使衣服自然、宽松，与穿着者的理想形象协调，此外，在衣服的款式、材质构成等方面增添舒适感和自然感，打造轻松随性的效果。上衣可以选择微宽松版型的T恤、衬衫等，不仅穿着有慵懒感，且能够起到修饰身材的效果，穿着舒适感更强。下装可以搭配牛仔裤、休闲裤、短裙等基本款式（图6-5）。

图 6-4

图 6-5

6.1.5 素质素养养成

（1）在休闲风格服装概念的学习中，理解休闲风格服装的特点，形成对休闲风格服装的整体认知，培养勤于思考和辩证的意识。

（2）在掌握休闲风格服装的典型款式类型中，结合个人对休闲风格服装的理解，通过相关的练习，正确匹配不同类型的休闲风格服装和服装款式。充分调动学生主动学习的兴趣，提高学生分析归纳的能力，培养学生对服饰搭配的艺术审美眼光。

6.1.6 任务分组

表 6-1 学生分组表

班级		组号		授课教师	
组长		学号			
组员	姓名	学号	姓名	学号	

6.1.7 自主探学

任务工作单 6-1

组号：_____ 姓名：_____ 学号：_____ 检索号：_____

引导问题 1：阐述休闲风格服装的概念。

引导问题 2：阐述休闲风格服装的典型款式类型。

任务工作单 6-2

组号：_____ 姓名：_____ 学号：_____ 检索号：_____

引导问题 1：阐述休闲风格服装的不同类型。

引导问题 2：如何正确匹配不同类型的休闲风格服装和服装款式？

6.1.8 合作研学

任务工作单 6-3

组号：_____ 姓名：_____ 学号：_____ 检索号：_____

引导问题 1：小组讨论，教师参与，确定任务工作单 6-1 和 6-2 的最优答案，并检讨自己存在的不足。

引导问题 2：每组推荐一个小组长进行汇报。个人结合汇报情况，再次检讨自己的不足。

6.1.9 评价反馈

任务工作单6-4 自我检测表

组号：_____ 姓名：_____ 学号：_____ 检索号：_____

班级		组名		日期	年 月 日
评价指标	评价内容			分数	分数评定
信息收集能力	是否能有效利用网络、图书资源查找有用的相关信息等；是否能将查到的信息有效地传递到学习中			10分	
感知课堂生活	是否能在学习中获得满足感，是否对课堂生活有认同感			10分	
参与态度，沟通能力	是否积极主动地与教师、同学交流，相互尊重、理解，平等相待；与教师、同学之间是否能够保持多向、丰富、适宜的信息交流			10分	
	是否能处理好合作学习和独立思考的关系，做到有效学习；是否能提出有意义的问题或发表个人见解			10分	
知识、能力获得情况	是否能掌握休闲风格服装的概念			10分	
	是否能掌握休闲风格服装的典型款式类型			10分	
	是否能正确划分不同休闲风格服装的类型			10分	
	时尚型休闲服装 运动型休闲服装 简约型休闲服装			10分	
辩证思维能力	是否能发现问题、提出问题、分析问题、解决问题、创新问题			10分	
自我反思	是否按时保质完成任务；是否能较好地掌握知识点；是否具有较为全面严谨的思维能力并能条理清晰地表达成文			10分	
自评分数					
总结提炼					

任务工作单 6-5 小组内互评验收表

组号：_____ 姓名：_____ 学号：_____ 检索号：_____

验收人组长		组名		日期	年　月　日
组内验收成员					
任务要求	掌握休闲风格服装的概念；掌握休闲风格服装的典型款式类型；能正确划分不同休闲风格服装的类型；具备文献检索的能力				
验收文档清单	被评价人完成的任务工作单 6-1				
	被评价人完成的任务工作单 6-2				
	文献检索清单				
验收评分	评分标准			分数	得分
	解释休闲风格服装的概念，错误不得分			20 分	
	描述休闲风格服装的典型款式类型，错误不得分			20 分	
	能正确划分不同休闲服装风格的类型，错一处扣 2 分			20 分	
	能正确描述时尚型休闲风格服装、运动型休闲风格服装、简约型休闲风格服装的款式和风格特点，错一处扣 6 分			20 分	
	提供文献检索清单，少于 5 项，缺一项扣 4 分			20 分	
评价分数					
不足之处					

任务工作单 6-6 小组间互评表

（听取各小组长汇报，同学打分）

被评组号：_____ 检索号：_____

班级		评价小组		日期	年　月　日
评价指标	评价内容			分数	分数评定
汇报表述	表述准确			15 分	
	语言流畅			10 分	
	准确反映小组完成任务情况			15 分	
内容正确度	内容正确			30 分	
	句型表达到位			30 分	
互评分数					

任务工作单 6-7 任务完成情况评价表

组号：_____　姓名：_____　学号：_____　检索号：_____

任务名称	休闲风格款式搭配		总得分		
评价依据	学生完成的任务工作单				
序号	任务内容及要求		配分	评分标准	教师评价
					结论　　得分
1	休闲风格服装的概念	描述正确	10分	缺一个要点扣1分	
		语言表达流畅	10分	酌情赋分	
2	休闲风格服装的典型款式类型	描述正确	10分	缺一个要点扣1分	
		语言流畅	10分	酌情赋分	
3	能正确划分不同休闲风格服装的类型	描述正确	10分	缺一个要点扣2分	
		语言流畅	10分	酌情赋分	
4	能正确描述时尚型休闲风格服装、运动型休闲风格服装、简约型休闲风格服装的款式和风格特点	数量	10分	缺一个要点扣3分	
		参考的主要内容要点	10分	酌情赋分	
5	至少包含5份检索文献的目录清单	数量	5分	每少一个扣2分	
		参考的主要内容要点	5分	酌情赋分	
6	素质素养评价	沟通交流能力	10分	酌情赋分，但违反课堂纪律，不听从组长、教师安排的，不得分	
		团队合作			
		课堂纪律			
		合作探学			
		自主研学			
		培养勤于思考的意识			
		培养辩证的意识			
		培养对服饰搭配的艺术审美眼光			

任务 6.2　职业装款式搭配

6.2.1　任务描述

能根据不同人群的职业需求选择合适的职业装款式进行搭配。

6.2.2　学习目标

1. 知识目标

（1）掌握职业装的概念。

（2）掌握职业装的特点。

2. 能力目标

（1）能理解职业装的不同类型。

（2）能正确匹配不同类型的职业装和服装款式。

3. 素养目标

（1）培养勤于思考与辩证的意识。

（2）培养对服饰搭配的艺术审美眼光。

6.2.3　重点难点

（1）重点：掌握不同类型的职业装搭配。

（2）难点：正确匹配不同类型的职业装和服装款式。

6.2.4　相关知识链接

1. 职业装的定义

职业装又称工作服，是能满足工作需要，标识职业特征的服装。职业装除美化个人形象、表现着装者的个性与气质，以及树立行业角色的特定形象外，还可传达出行业、企业的形象，有利于公众监督和内部管理，并能提高企业的竞争力。正确认识职业装的款式特点和搭配方法，对于个人求职、职业发展等都具有重要意义。

2. 职业装的特点

（1）实用性。服装的基本性质表现在其物质性与精神性两个方面。职业装的实用性强是其区别于其他类型服装的最大特点。作为从业者工作时所穿的服装，实用的职业装应适应不同的工作环境，因此，其服装款式应有诸多具体功能性的要求和制约。选择上应以工作特征为依据。

（2）艺术性。服装作为一门实用艺术，它用服装与饰物来美化着衣者的形态，尽显其优美的体态特征，同时弥补人体美的不足部分。职业装的艺术性从服装本身的感性因素看，是对构成服装艺术美的造型、色彩、材料、工艺、流行等的综合考虑。

除美化个人形象，表现着装者的个性与气质外，职业装的艺术性还在于传达出行业、企业的形象。职业装与工作环境、服务质量一起，构成了行业的整体艺术形象。优雅的工作场所、时尚得体的职业装，加上标准规范的亲切服务，是服务行业完美统一的艺术形象，这种整体美的效果对提高行业的知名度、促进销售、增强企业的凝聚力都不可缺少。因此，职业装选择的艺术性对于个人与行业形象都是同等重要的。

（3）标识性。职业装的标识性旨在突出两点：社会角色与特定身份的标志，以及不同行业、岗位的区别。比如，以"绿衣使者"代表邮递员，以"白衣天使"代表医务保健人员，以"红马甲"代表证券从业人员，某一种约定俗成的装束代表了某一种社会角色的职业形象。

职业装也代表了不同行业、岗位的区别，如航空制服与铁路运输行业制服的差别，航空制服中地勤人员与机组人员制服的不同、商场的楼面经理与导购小姐服装的不同，让旁人一眼明了各自的身份。在繁忙的超市、餐厅中，顾客可以根据服务员的工作服装轻易地寻求帮助。

不同行业不同岗位工作制服着装要求

3. 职业装的类型

职业装从行业的角度，一般可以分为职业制服、职业工装和职业正装。

（1）职业制服。职业制服是为体现行业自身的特点，并区别于其他行业而特别设计的服装。这种职业制服不仅具有识别的象征意义，还使人的行为规范化、秩序化（图6-6）。具体的应用行业如下。

①餐饮、娱乐、旅游、宾馆行业制服。要求款式大方、热情、色彩鲜明。

②商业机构制服（商场、超市、专卖店、连锁店、营业厅）。要求款式色彩能体现工作行业的精神风貌及适合商家的经营意图，对款式、色彩标识度要求较高。

③物流行业制服（航空、铁路、水陆交通运输）。要求服装款式统一，具有鲜明的职业代表性。

图6-6

④科教、文体、医疗系统制服（学校、出版发行机构、体育竞技机构、医疗机构等）。要求服装款式统一，具有鲜明的职业代表性。

⑤行政执法系统制服（公检司法、工商税务、城建环卫、技监物检、国土水政、食卫动检、林政植保等）。要求服装款式统一，具有鲜明的职业代表性。

⑥军队制服（海陆空军、特种部队）。要求服装款式统一，具有鲜明的职业代表性。

（2）职业工装。职业工装是以满足人体工学、护身功能来进行外形与结构的设计，强调保护、安全及卫生作业功能需求的服装。它强调实用性，同时起到标识职业身份的作用（图6-7）。具体的应用行业如下。

①制造业、加工业系列工装（石油、化工、电子、机械、矿产、冶炼等）。

②工程建筑系列工装。

③安装维护行业工装。

④环卫绿化行业工装。

⑤劳动保护功能工装（防尘服、防静电服、防辐射服、防酸碱服、防紫外线服、阻燃服、医用隔离服、防暴服、防寒服、防压服、防毒服、防水服）。

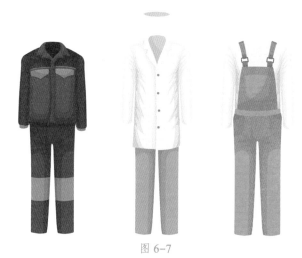

图 6-7

（3）职业正装。职业正装又叫作商务职业装，是社交场合和商务活动中最为流行的一种服装，不仅体现穿着者的身份、文化修养及社会地位，而且也表示尊重工作中的合作方。无论是刚步入职场的年轻人，还是业务骨干，了解职业正装的搭配对于求职、职业发展都十分重要（图 6-8）。具体的应用行业如下。

①金融、保险行业职业装（银行、证券、保险等）。

②企业集团、管理行业职业装。

③政府机构、事业部门职业装（水利、电力等）。

④社会团体职业装。

职业正装搭配
技巧

图 6-8

4. 职业正装的款式搭配

对于在职场中工作的人来说，一套贴合自身气质的职业正装是必不可少的，尤其是在比较注重企业文化的大公司。得体的职业正装的搭配需要体现出稳重、低调、有智慧和职业感，在服装款式的选择和搭配上要注意考虑场合和行业的需求。

（1）女士职业正装。在款式上可以选择套装、衬衫、西装、半身裙、连衣裙、套裙或合体的长裤等基本款式，可以根据不同的场合进行搭配。西装外套＋衬衣＋裤子、西装外套＋衬衣＋裙子、衬衣＋裙子的搭配都可以塑造干练的职业形象（图 6-9）。

男女西服搭配技巧

图 6-9

①套装或套裙。颜色以黑、白、褐、海蓝、灰色等基本色为主，能给人一种庄重含蓄、端庄大方的感觉，款式要简洁修身、大方得体。

②衬衣。可以选择一件简洁利落的衬衫或雪纺衫，在正式的场合以有领衬衫为佳，颜色与外套搭配（浅蓝色、白色最保险），上衣的下摆不要垂悬在外面，要掖到裙子或裤子里面。

③袜子。如果穿套裙应当配长筒丝袜，丝袜颜色要选择和肤色一致或接近肤色。

④鞋子。鞋子款式不宜太过花哨，切忌装饰过多，颜色以黑色或棕色比较常见，也可选择与职业套装颜色一致的皮鞋，鞋跟不宜过高。

（2）男士职业正装。在款式上可以选择西装外套、裤子、衬衣、马甲、领带、皮鞋等基本款式进行搭配（图 6-10）。

职场男士正装穿搭原则

图 6-10

①西装。在正式商务场合适合选择深蓝、深灰、黑灰等比较稳重的颜色。

②衬衫。以浅色或柔和的颜色为主，如白色、象牙色、浅灰色、浅蓝色等，在色彩上形成与西装外套颜色相对比的层次感。

③领带。颜色要比西装鲜明，与衬衫的色彩形成对比。在相对休闲的场合也可以去掉领带。

④裤子。在正式商务场适合选择标准西裤，西裤和西服的颜色、质地统一，最好是西服套装。裤长以刚好盖住鞋子为宜，过长或过短都不好看。在其他正式场合也可以根据职业类型选择休闲裤搭配。

⑤鞋子。一般选择黑色或者棕色皮鞋，以软牛皮材质为宜，款式选择尖头、系带、套脚均可；皮鞋和西裤搭配，最好采用同色系，当然也可以采用不同色系，但颜色不宜相差太大。

职业装穿搭的禁忌与注意事项

6.2.5　素质素养养成

（1）在职业装概念的学习中，理解职业装的特点，形成对职业装的整体认知，培养勤于思考和辩证的意识。

（2）在掌握职业装的典型款式类型中，结合个人对职业装的理解，通过相关的练习，正确匹配不同类型的职业装和服装款式。充分调动学生主动学习的兴趣，提高学生分析归纳的能力，培养学生对服饰搭配的艺术审美眼光。

6.2.6　任务分组

表 6-2　学生分组表

班级		组号		授课教师	
组长		学号			
组员	姓名	学号		姓名	学号

6.2.7 自主探学

任务工作单 6-8

组号：_____ 姓名：_____ 学号：_____ 检索号：_____

引导问题 1：阐述职业装的概念。

引导问题 2：阐述职业装的特点。

任务工作单 6-9

组号：_____ 姓名：_____ 学号：_____ 检索号：_____

引导问题 1：阐述职业装的不同类型。

引导问题 2：如何正确匹配不同类型的职业装和服装款式？

6.2.8 合作研学

任务工作单 6-10

组号：_____ 姓名：_____ 学号：_____ 检索号：_____

引导问题 1：小组讨论，教师参与，确定任务工作单 6-8 和 6-9 的最优答案，并检讨自己存在的不足。

引导问题 2：每组推荐一个小组长进行汇报。个人结合汇报情况，再次检讨自己的不足。

6.2.9 评价反馈

任务工作单 6-11　自我检测表

组号：_____　姓名：_____　学号：_____　检索号：_____

班级		组名		日期	年　月　日
评价指标	评价内容			分数	分数评定
信息收集能力	是否能有效利用网络、图书资源查找有用的相关信息等；是否能将查到的信息有效地传递到学习中			10分	
感知课堂生活	是否能在学习中获得满足感，是否对课堂生活有认同感			10分	
参与态度，沟通能力	是否积极主动地与教师、同学交流，相互尊重、理解、平等相待；与教师、同学之间是否能够保持多向、丰富、适宜的信息交流			10分	
	是否能处理好合作学习和独立思考的关系，做到有效学习；是否能提出有意义的问题或发表个人见解			10分	
知识、能力获得情况	是否能掌握职业装的概念			10分	
	是否能掌握职业装的特点			10分	
	是否能正确划分不同职业装的类型			10分	
	职业制服 职业工装 职业正装			10分	
辩证思维能力	是否能发现问题、提出问题、分析问题、解决问题、创新问题			10分	
自我反思	是否按时保质完成任务；是否能较好地掌握知识点；是否具有较为全面严谨的思维能力并能条理清晰地表达成文			10分	
自评分数					
总结提炼					

任务工作单 6-12　小组内互评验收表

组号：_____　姓名：_____　学号：_____　检索号：_____

验收人组长			日期	年　月　日
组内验收成员				
任务要求	掌握职业装的概念；掌握职业装的典型款式；能正确划分不同职业装的类型；具备文献检索的能力			
验收文档清单	被评价人完成的任务工作单 6-8			
	被评价人完成的任务工作单 6-9			
	文献检索清单			
验收评分	评分标准	分数	得分	
	解释职业装的概念，错误不得分	20 分		
	描述职业装的典型款式类型，错误不得分	20 分		
	能正确划分不同职业装的类型，错一处扣 2 分	20 分		
	能正确描述行职业制服、职业工装、职业正装的特点与适用行业，错一处扣 5 分	20 分		
	提供文献检索清单，少于 5 项，缺一项扣 4 分	20 分		
	评价分数			
不足之处				

任务工作单 6-13　小组间互评表

（听取各小组长汇报，同学打分）

被评组号：_____　检索号：_____

班级		评价小组		日期	年　月　日
评价指标	评价内容			分数	分数评定
汇报表述	表述准确			15 分	
	语言流畅			10 分	
	准确反映小组完成任务情况			15 分	
内容正确度	内容正确			30 分	
	句型表达到位			30 分	
	互评分数				

任务工作单 6-14 任务完成情况评价表

组号：_____ 姓名：_____ 学号：_____ 检索号：_____

任务名称	职业装款式搭配			总得分	
评价依据	学生完成的任务工作单				
序号	任务内容及要求		配分	评分标准	教师评价
					结论	得分
1	职业装的概念	描述正确	10分	缺一个要点扣1分		
		语言表达流畅	10分	酌情赋分		
2	职业装典型款式的类型	描述正确	10分	缺一个要点扣1分		
		语言流畅	10分	酌情赋分		
3	能正确划分不同职业装的类型	描述正确	10分	缺一个要点扣2分		
		语言流畅	10分	酌情赋分		
4	能正确描述职业制服、职业工装、职业正装的特点	描述正确	10分	缺一个要点扣3分		
		语言流畅	10分	酌情赋分		
5	至少包含5份检索文献的目录清单	数量	5分	每少一个扣2分		
		参考的主要内容要点	5分	酌情赋分		
6	素质素养评价	沟通交流能力	10分	酌情赋分，但违反课堂纪律，不听从组长、教师安排的，不得分		
		团队合作				
		课堂纪律				
		合作探学				
		自主研学				
		培养勤于思考的意识				
		培养辩证的意识				
		培养对服饰搭配的艺术审美眼光				

任务 6.3　礼服款式搭配

6.3.1　任务描述

能根据不同的场合选择合适的礼服款式进行搭配。

6.3.2　学习目标

1. 知识目标

（1）掌握礼服的概念。

（2）掌握礼服的典型款式特点。

2. 能力目标

（1）能理解礼服的不同类型。

（2）能正确匹配不同类型的礼服和相应礼服款式。

3. 素养目标

（1）培养勤于思考与辩证的意识。

（2）培养对服饰搭配的艺术审美眼光。

6.3.3　重点难点

（1）重点：掌握不同类型的礼服搭配。

（2）难点：正确匹配不同类型的礼服和礼服款式。

6.3.4　相关知识链接

1. 礼服的定义

礼服是指在某些重大场合中参与者所穿着的庄重而且正式的服装。随着物质生活水平的提高，大众对礼服的需求日益高涨，市面上也出现了许多针对不同需求的礼服产品，从成衣到高级定制，价格从几千元到上万元不等。

2. 礼服的类型

礼服有多种分类，按照穿着性别分类有男士礼服和女士礼服，按照穿着时间分类有晚礼服和日礼服，按照东西方文化分类又有中式礼服和西式礼服。

（1）女士礼服。女士礼服主要是根据穿着时间、场合的不同，划分为日礼服、晚礼服、婚礼服、鸡尾酒会礼服等种类。女士礼服主要是以 X 形的连衣裙为基本款式特征。

①日礼服。日礼服是白天出席重要社交活动时穿着的礼服，如在开幕式、宴会、正式拜访等场合穿着的礼服。它不像晚礼服那样隆重，显得更为随意、活泼、浪漫，以表现着装者良好的社交形象为目的。外观端庄、郑重的套装、连衣裙均可作为日礼服。日礼服通常表现出优雅、端庄和含蓄的特点，多采用毛、棉、麻、丝绸或有丝绸感的面

料。小配件应选择与服装相应的格调（图 6-11）。

②晚礼服。晚礼服也叫作夜礼服或晚装，是在晚间礼节性活动中穿着的正式礼服，也是女士礼服中档次最高、最具特色和能充分展示个性的穿着样式。其源于欧洲着装习俗的晚礼服，最早盛行于宫廷，后来，经过设计师的不断改进，最终演变发展成为女性出席舞会、音乐会、晚宴等夜间重要活动必备的礼仪服装。

晚礼服的穿着
时间

晚礼服的款式类型有两种：一种是传统的晚装，形式多为低胸、露肩、露背、收腰和贴身的连身裙，适合在高档的、具有仪式感的场合穿着；另一种是现代的晚礼服，讲求式样及色彩的变化，具有大胆创新的设计感，如明星、名流出席各类红毯时所穿着的礼服款式（图 6-12）。

传统晚礼服更强调女性窈窕的腰肢，夸张臀部以下裙子的重量感，多采用袒胸、露背、露臂的衣裙式样，以充分展露身体的肩、胸、臂部分，也为华丽的首饰留下表现的空间。其经常采用低领口设计，通过镶嵌、刺绣、领部细褶、华丽花边、蝴蝶结、玫瑰花的装饰手段突出高贵优雅的着装效果，给人以古典、正统的服饰印象。在面料使用上，为迎合夜晚奢华、热烈的气氛，多选用丝光面料、闪光缎、塔夫绸、金银交织绸、雪纺、蕾丝等一些华丽、高贵的材料，并缀以各种刺绣、褶皱、钉珠、镶边、襻扣等装饰。工艺上的精细缝制更凸显了晚装的精湛不凡和华贵高档。传统晚礼服注重搭配，以考究的发型、精致的化妆、华贵的饰物、手套、鞋等的装扮，表现出沉稳、秀丽的古典倾向。饰品可选择珍珠、蓝宝石、祖母绿、钻石等高品质的配饰（图 6-12）。

图 6-11

图 6-12

现代风格的晚礼服受到各种现代文化思潮、艺术风格及时尚潮流的影响，不过分拘泥于程式化的限制，注重式样的简洁、亮丽和新奇变化，极具时代的特征与生活的气息。与传统晚礼服相比，现代晚礼服在造型上更加时尚、美观。其款式有抹胸礼服、吊带礼服、含披肩礼服、露背礼服、拖尾礼服、短款礼服、鱼尾礼服等（图 6-13）。

穿戴晚礼服还常搭配华丽、浪漫、精巧、雅致的晚礼服包，它多采用漆皮、软革、丝绒、金银丝等混纺材料，是用镶嵌、绣、编等工艺制作而成的。

礼服裙款式

图 6-13

③婚礼服。结婚嫁娶是人生中的重大事情，为了显示其特殊意义，表达婚者及其亲朋好友的喜悦心情，人们往往要举办隆重热烈的仪式以示庆贺。在整个婚礼的仪式中，婚礼服是其中必不可少的着装，涉及新娘、新郎、伴娘、伴郎及伴童的穿着礼服。新娘穿的结婚礼服作为所有礼服中最豪华漂亮的衣装和婚礼亮点，通过华丽的面料、优雅的式样及精致的做工，反映出婚者炽热、纯真的爱情和对未来美好生活的憧憬，体现了婚礼的仪式感。婚礼服根据款式的风格，可分为西式婚礼服与中式婚礼服。

西式婚礼服源于欧洲的服饰文化，在多数西方国家中，人们结婚时要到教堂接受神父的祈祷与祝福，新娘要穿上白色的婚礼服表示真诚与纯洁，并配以帽子、头饰、披纱和手捧花，以衬托婚礼服的华美。伴娘则穿着用来陪衬并与新娘婚礼服相配的相关礼服。伴童作为天使的象征则穿着女式白色短款迷你裙。西式婚礼服在造型、色彩、面料上也都有一些约定俗成的规定。造型上多为 X 形合体长裙，上身前片设有公主线，后片打省，裙腰做多褶处理，裙样可有层叠的形式。衣裙的领、腰及下摆可根据设计需要添置类似花结、花边的装饰，为显示婚礼服的造型，裙内要用尼龙网、绢网、尼龙布、薄纱等材料做裙撑。色彩上通常为白色，象征着真诚与纯洁。面料一般采用塔夫绸、绉缎、丝绸、纱、薄纱等。配饰则为自披头（白婚纱）、白手套、白缎高跟鞋等，其中，白披头可用刺绣、白纱丝缎和串珠来制作（图 6-14）。

图 6-14

中式新娘婚礼服以传统的短袄长裙或旗袍为主，造型多为修身的合体款式，带有中式立领、盘扣的元素，具有浓郁的中国传统特色。修身的裁剪结合了西式礼服的特色，能够表现出女性妩媚的身材曲线，既具有现代的时尚气息，又具有东方特有的温婉含蓄的气质特点。

常见的中式婚服

色彩多以红色为主，象征喜庆、吉祥和幸福。纹样多采用龙凤、牡丹等传统吉祥图案，表现了婚礼服的华美隆重、婚者对未来生活的憧憬和美好祝愿。面料多采用丝绸、织锦缎或薄纱等。常用刺绣、手绘、钉缀珠饰亮片等装饰手法来表现或富丽华贵或清雅优美的风格。伴娘、伴童的穿着也相应搭配中式礼服。

④鸡尾酒会礼服。鸡尾酒会礼服指女士在鸡尾酒会、半正式或正式场合穿着的，介于日装与晚礼服之间的礼服。与豪华气派的晚礼服相比，鸡尾酒会礼服更适合日常气氛轻松的场合，款式相对简化一些，更为典雅含蓄。鸡尾酒会礼服需袒露一些皮肤，但不像晚礼服那样大片裸露，裙长一般在膝盖上下，随流行而定，一件式连衣裙或两件式、三件式的服装都可选择（图 6-15）。鸡尾酒会礼服以黑色、白色、粉色、金色等色彩为主，点缀水钻、亮片等。面料多采用天然的真丝绸、织锦缎、合成纤维及一些新的面料，素色、有底纹及小型花纹的面料也常被使用。饰品多为珍珠项链、耳钉或垂吊式耳环。与之搭配的鞋子一般为高跟鞋，鞋面装饰性很强，略带光泽感，在更为正式的场合可选择鲜艳的颜色，也可裸露部分脚面。

显瘦礼服款式

图 6-15

（2）男士礼服。男士礼服是一个较为复杂的穿搭体系。男士在社会生活中扮演着较为重要的作用，在收到一些活动的请柬时，常常看到附注的"DRESS CODE"——直译为"着装代码"的部分，即活动对参与者着装的要求。当看到"Ultra-Formal"（极正式）字样时，意味着将参加一场级别非常高的活动，通常是重大典礼、高规格宴会等，必须着大礼服（Great-Dress）前往。大礼服分两种，一种是晨礼服（Morning Coat），是白天穿的大礼服；另一种是燕尾服（Tail Coat），即晚间大礼服，要求着燕尾服的邀请函一般会直接写"White Tie"。

另一种"Formal"（正式）是仅次于"Ultra-Formal"（极正式）的场合，一般穿小礼服（Small-Dress）参加，包含日间小礼服——董事套装（Director's Suit）、晚间小礼服——塔士多（Tuxedo），要求穿着塔士多的邀请函一般会直接写"Black Tie"。

男士礼服的种类

最后一种"Semi-Formal"（半正式）的场合，可以穿全天候常礼服（Black Suit）参加。

①晨礼服。晨礼服是男士在白天出席正式社交场合时最隆重的着装，被视为日间第一礼服。其现在仅在隆重的典礼，如授勋仪式、结婚典礼等场合使用。晨礼服的上衣形制是戗驳领，单排扣，弧线下摆，前短后长，总衣长近膝；多为黑色，也有灰色的；下身搭配灰色竖条纹裤。搭配晨礼服所穿的马甲有多种选择，常见的有灰色、香槟色，或者香槟色提花。晨礼服完整的搭配，包括高顶礼帽和手杖（或雨伞）。晨礼服可以搭配阿斯科特领巾（Ascot Tie）或普通领带，衬衫用企领或翼领均可。

②燕尾服。燕尾服是男士在下午六点以后出席正式社交场合时最隆重的着装，是晚间第一礼服，是最正式的晚礼服。与晨礼服的使用场合一样，在现代社交活动中，燕尾服在一般作为公式化礼服，常见于古典音乐会、极为隆重的晚宴、舞会等场合。燕尾服上衣形制为前端是折角短下摆，前短后长有尾巴，总衣长近膝；双排扣，枪驳领镶缎，缎材包扣（与驳领材质相同）。内穿白色马甲，配白领结，下身必须穿侧镶双条缎带的长裤。燕尾服只能搭配翼领礼服衬衫，其标准形制是：翼领＋硬衬前胸＋带袖扣孔的单叠袖（需戴袖扣）。礼服衬衫要搭配礼服专用扣，袖扣和礼服扣一般是成套使用的（图6-16）。

图 6-16

男士燕尾服款式

③董事套装。董事套装与其说是为董事会成员专设的一种礼服套装，不如说它是上层社会将晨礼服大众化、职业化的产物。董事套装的款式相当于晨礼服去掉了尾巴，因此称其为简晨礼服更为恰当，在当今可以作为晨礼服的替代服。

④塔士多。塔士多是半正式的晚间小礼服，其款式特点：镶缎的枪驳领或青果领；侧口袋边也要镶缎，无袋盖，单排或双排扣皆可；扣子必须用缎材包覆；配侧镶嵌单条

缎带长裤，最好用腰封，即使不用腰封也不能系皮带，一般配黑色领结。在衬衫方面，塔士多最常见的是搭配普通企领衬衫（应配法式袖），也可以搭配翼领礼服衬衫（带有袖扣孔的单层非反折袖）。塔士多在社交活动中运用广泛，在现代社会逐渐有代替燕尾服之势。塔士多除最常见的黑色款式外，还有比较沉稳的酒红、紫、宝蓝、墨绿等颜色，面料多用绒质，使用这种有反光的面料时可以不镶缎。此外，白色塔士多款式的上衣比较常见，一般多用于夏季晚上的户外场所，艺人们也常常喜欢穿着它出席演艺场合，如颁奖典礼、时尚派对等（图6-17）。

⑤全天候常礼服。随着礼服简化潮流的推进，一种全天候小礼服流行起来，可以叫作常礼服。这种礼服的外观与塔士多类似，因为镶缎是晚间礼服的象征，所以全天候常礼服取消了所有的镶缎，以戗驳领和一粒扣象征正式，燕尾服、晨礼服、塔士多都是这种款式。同理，最正式的全天候常礼服也是戗驳领一粒扣款，但是两粒扣款式的黑色套装也可以作为全天候常礼服使用。

图6-17

6.3.5　素质素养养成

（1）在礼服概念的学习中，理解礼服的特点，形成对礼服的整体认知，培养勤于思考和辩证的意识。

（2）在掌握礼服的典型款式类型中，结合个人对礼服的理解，通过相关的练习，正确匹配不同类型的礼服和相应礼服款式。充分调动学生主动学习的兴趣，提高学生分析归纳的能力，培养学生对服饰搭配的艺术审美眼光。

6.3.6　任务分组

表6-3　学生分组表

班级		组号		授课教师	
组长		学号			
组员	姓名	学号	姓名	学号	

6.3.7 自主探学

任务工作单 6-15

组号：_____ 姓名：_____ 学号：_____ 检索号：_____

引导问题 1：阐述礼服的概念。

引导问题 2：阐述礼服的典型款式特点。

任务工作单 6-16

组号：_____ 姓名：_____ 学号：_____ 检索号：_____

引导问题 1：阐述礼服的不同类型。

引导问题 2：如何正确匹配不同类型的礼服和相应礼服款式？

6.3.8 合作研学

任务工作单 6-17

组号：_____ 姓名：_____ 学号：_____ 检索号：_____

引导问题 1：小组讨论，教师参与，确定任务工作单 6-15 和 6-16 的最优答案，并检讨自己存在的不足。

引导问题2：每组推荐一个小组长进行汇报。个人结合汇报情况，再次检讨自己的不足。

6.3.9 评价反馈

任务工作单6-18 自我检测表

组号：_____ 姓名：_____ 学号：_____ 检索号：_____

班级			组名		日期	年　月　日
评价指标	评价内容				分数	分数评定
信息收集能力	是否能有效利用网络、图书资源查找有用的相关信息等；是否能将查到的信息有效地传递到学习中				10分	
感知课堂生活	是否能在学习中获得满足感，是否对课堂生活有认同感				10分	
参与态度，沟通能力	是否积极主动地与教师、同学交流，相互尊重、理解、平等相待；与教师、同学之间是否能够保持多向、丰富、适宜的信息交流				10分	
	是否能处理好合作学习和独立思考的关系，做到有效学习；是否能提出有意义的问题或发表个人见解				10分	
知识、能力获得情况	是否能掌握礼服的概念				10分	
	是否能掌握礼服的典型款式				10分	
	是否能正确划分不同礼服的类型				10分	
	日礼服 晚礼服 婚礼服 鸡尾酒会礼服				10分	
辩证思维能力	是否能发现问题、提出问题、分析问题、解决问题、创新问题				10分	
自我反思	是否按时保质完成任务；是否能较好地掌握知识点；是否具有较为全面严谨的思维能力并能条理清晰地表达成文				10分	
自评分数						
总结提炼						

任务工作单 6-19　小组内互评验收表

组号：_____　　姓名：_____　　学号：_____　　检索号：_____

验收人组长		组名		日期	年　月　日
组内验收成员					
任务要求	掌握礼服的概念；掌握礼服的典型款式；能正确划分不同礼服的类型；具备文献检索的能力				
验收文档清单	被评价人完成的任务工作单 6-15				
	被评价人完成的任务工作单 6-16				
	文献检索清单				
验收评分	评分标准			分数	得分
	解释礼服的概念，错误不得分			20 分	
	描述礼服的典型款式类型，错误不得分			20 分	
	能正确划分不同礼服的类型，错一处扣 2 分			20 分	
	能正确描述日礼服、晚礼服、婚礼服、鸡尾酒会礼服的特点和适用情景，错一处扣 5 分			20 分	
	提供文献检索清单，少于 5 项，缺一项扣 4 分			20 分	
	评价分数				
不足之处					

任务工作单 6-20　小组间互评表

（听取各小组长汇报，同学打分）

被评组号：_____　　检索号：_____

班级		评价小组		日期	年　月　日
评价指标	评价内容			分数	分数评定
汇报表述	表述准确			15 分	
	语言流畅			10 分	
	准确反映小组完成任务情况			15 分	
内容正确度	内容正确			30 分	
	句型表达到位			30 分	
	互评分数				

任务工作单 6-21 任务完成情况评价表

组号：_____ 姓名：_____ 学号：_____ 检索号：_____

任务名称	礼服款式搭配			总得分		
评价依据	学生完成的工作任务单					
序号	任务内容及要求		配分	评分标准	教师评价	
					结论	得分
1	礼服的概念	描述正确	10分	缺一个要点扣1分		
		语言表达流畅	10分	酌情赋分		
2	礼服的典型款式类型	描述正确	10分	缺一个要点扣1分		
		语言流畅	10分	酌情赋分		
3	能正确划分不同礼服的类型	描述正确	10分	缺一个要点扣2分		
		语言流畅	10分	酌情赋分		
4	能正确描述行日礼服、晚礼服、婚礼服、鸡尾酒会礼服的特点和适用情景	描述正确	10分	缺一个要点扣3分		
		语言流畅	10分	酌情赋分		
5	至少包含5份检索文献的目录清单	数量	5分	每少一个扣2分		
		参考的主要内容要点	5分	酌情赋分		
6	素质素养评价	沟通交流能力	10分	酌情赋分，但违反课堂纪律，不听从组长、教师安排的，不得分		
		团队合作				
		课堂纪律				
		合作探学				
		自主研学				
		培养勤于思考的意识				
		培养辩证的意识				
		培养对服饰搭配的艺术审美眼光				

模块 4 综合应用与演练

项目 7 服饰搭配企划案设计

任务 7.1 服饰搭配主题文案表达

7.1.1 任务描述

结合前 3 个模块的学习内容，掌握该课程的重点与难点，用文案的形式完成一整套服饰搭配的企划与设计。

7.1.2 学习目标

1. 知识目标

（1）掌握服饰搭配主题文案的企划要点。

（2）掌握服饰搭配主题文案的企划设计方式方法。

2. 能力目标

（1）能理解服饰搭配主题文案的企划要点。

（2）能理解服饰搭配主题文案的企划设计方式方法。

3. 素养目标

（1）培养勤于思考、分析问题的意识。

（2）培养勤于思考与辩证的意识。

（3）培养对服饰搭配的艺术审美眼光。

7.1.3 重点难点

（1）重点：理解服饰搭配主题文案的企划要点。

（2）难点：能够结合前 3 个模块的学习内容，掌握该课程的重点与难点，用文案的形式完成一整套服饰搭配的企划与设计。

7.1.4 相关知识链接

根据前面的知识目标内容，服饰搭配主题文案表达一般涉及的知识部分如下。

1. 服装色彩

服装色彩是服装感观的第一印象，它有极强的吸引力，若想让其在着装上得到淋漓尽致的发挥，必须充分了解色彩的特性。恰到好处地运用色彩的两种观感，不但可以修正、掩饰身材的不足，而且能强调突出自身的优点。如对于上轻下重的形体，宜选用深色轻软的面料做成裙或裤，以此削弱下肢的粗壮感。身材高大丰满的女性，在搭配外衣时，适合选择深色。这条规律对大多数人都适用，除非着装者的身材完美无缺，不需要以此来遮掩什么。

总的来说，服装的色彩搭配分为两大类，一类是对比色搭配，一类是近似色相配（图 7-1）。

图 7-1

（1）对比色搭配。

①强烈色配合。强烈色配合是指两个相差较大的颜色相配，如黄与紫、红与青绿。在进行服饰色彩搭配时应先确定，是为了突出哪个部分的衣饰。不要把沉着色彩，例如深褐色、深紫色与黑色搭配，这样会呈现"抢色"的后果，令整套服装没有重点，而且服装的整体表现也会显得很沉重、昏暗无色。

②补色配合。补色配合指两个相对的颜色的配合，如红与绿、青与橙、黑与白等。补色配合能形成鲜明的对比，有时会收到较好的效果（图 7-2）。黑白搭配是永远的经典。

图 7-2

（2）近似色相配。近似色相配是指两个比较接近的颜色相配，如红与橙红或紫红相配，黄与草绿或橙黄相配等。

不是每个人穿绿色服装都好看，绿色和嫩黄搭配，给人一种春天的感觉，整体感觉非常素雅，淑女味道在不经意间流露出来。

职业女装的色彩搭配：职业女性穿着职业女装活动的场所是办公室，低彩度可使工作其中的人专心致志，平心静气地处理各种问题，营造沉静的气氛。职业女装的穿着环境多为室内有限的空间，在这里人们总希望获得更多私人空间，低纯度的颜色会增加人与人之间的距离，减少拥挤感。

纯度低的颜色更容易与其他颜色协调，增加了人与人之间的和谐、亲切之感，有助于形成协同合作的格局。另外，可以利用低纯度颜色易于搭配的特点，将有限的衣物搭配出丰富的组合。同时，低纯度颜色给人以谦逊、宽容、成熟感，借用这种色彩语言，职业女性更易受到他人的重视和信赖。

各色服装的搭配可遵循如下原则。

（1）白色的搭配原则。白色可与任何颜色搭配，但要搭配得巧妙，也需要费一番心思。白色下装搭配条纹的淡黄色上衣，是柔和色的最佳组合；下身着象牙白长裤，上身穿淡紫色西装，配以纯白色衬衣，不失为一种成功的配色，可充分显示个性；象牙白长裤与淡色休闲衫配穿，也是一种成功的组合；白色褶折裙配淡粉红色毛衣，给人以温柔飘逸的感觉。红白搭配是大胆的结合。上身着白色休闲衫，下身穿红色窄裙，显得热情潇洒。在强烈的对比下，白色的分量越重，看起来越柔和（图 7-3）。

（2）蓝色的搭配原则。在所有颜色中，蓝色最容易与其他颜色搭配。不管是近似黑色的蓝色，还是深蓝色，都比较容易搭配，而且，蓝色具有紧缩身材的效果，极富魅力。生动的蓝色搭配红色，使人显得妩媚、俏丽，但应注意蓝红比例适当。

图 7-3

穿着近似黑色的蓝色合体外套，配白衬衣，再系上领结，出席一些正式场合，会显得神秘且不失浪漫。曲线鲜明的蓝色外套和及膝的蓝色裙子搭配，再以白衬衣、白袜子、白鞋点缀，会透出一种轻盈的妩媚气息。

上身穿蓝色外套和蓝色背心，下身配细条纹灰色长裤，呈现出一派素雅的风格，因为流行的细条纹可柔和蓝色与灰色之间的强烈对比，增添优雅的气质。

蓝色外套配灰色褶裙是一种略带保守的组合，但这种组合再配以葡萄酒色衬衫和花格袜，可显露出个性，变得明快起来。

蓝色与淡紫色搭配，给人一种微妙的感觉。蓝色长裙配白衬衫是一种非常普通的打扮。如能穿上一件高雅的淡紫色的小外套，便会平添几分成熟的都市味儿。上身穿淡紫色毛衣，下身配深蓝色窄裙，即使没有花哨的图案，也可在自然之中流露出成熟的韵味。

（3）黑色的搭配原则。黑色是百搭百配的颜色，无论与什么颜色放在一起，都会别有一番风情。上身穿黑色的印花 T 恤，下身搭配米色的纯棉含莱卡的及膝 A 字裙，脚上穿着白底彩色条纹的平底休闲鞋子，会使人看起来格外舒适，还充满阳光的气息。如将裙子换成一条米色纯棉的休闲裤，最好是低腰微喇叭的裤型，则显得前卫，青春逼人。

2. 服装设计与面料搭配

在现代时装设计领域，一件成功的作品除款式造型、服饰色彩外，面料的运用和处理越来越凸显出它的重要性。

色彩是人和服装之间的第一媒介，服装的色彩来源于面料的色彩，在服装设计中，对面料色彩的选择和不同色彩面料的搭配是设计师首先考虑的。Mix&Match，翻译成中文就是混搭，最早是由时尚界提出的，就是将不同风格、不同材质、不同身价的东西按照个人品位搭配在一起。Mix&Match 代表了一种服装新时尚，设计师可以发挥创意，尝试将各种以往不可能出现在一起的风格、材质、色彩等时装元素搭配在一起（图 7-4）。

图 7-4

　　服装设计属于工艺美术范畴，是追求实用性和艺术性完美结合的一种艺术形式。服装设计的定义就是解决人们穿着生活体系中诸多问题的富有创造性的计划及创作行为。它首先涉及的是色彩图案。一般当服装的材质达到一定的舒适度时，人们就会追求面料设计、花纹图案的新颖独特，并赋予其内涵（图 7-5）。

图 7-5

　　人类身处一个彩色的世界中，人们对服装色彩的偏爱与感受与他们所处的自然环境有着密切的联系。除了考虑面料色彩的选择和不同色彩面料的搭配，设计师还应考虑款式造型。服装的款式造型是构成服饰的主题。款式造型设计是服装设计的重要元素之一，准确把握设计的款式造型是结构设计的第一步。无论何种裁剪方式，结构设计都必须在款式造型设计后进行。人体、服装的款式造型是结构设计的根本依据。服装的款式造型设计要符合人体的形态及运动时人体变化的需要，通过对人体的创意性设计使服装别具风格。服装设计也就是运用美的形式法则有机地组合点、线、面、体，形成完美造型款式的过程。设计师需要考虑服饰的材质，服装以面料制作而成，面料就是用来制作服装的材料。作为服装三要素之一，面料不仅可以诠释服装的风格和特性，而且直接左右着服装的色彩、款式造型的表现效果，是构成服装形象的重要因素。面料的特性不容忽视，随着物质文化和精神文明的提高，人们的审美需求发生了较大的变化，人们对服装的追求已不仅满足于颜色的丰富多彩和款式的变化万千，人们还希望服装在带来美的、愉悦的同时，也能带来健康的享受。

在服装世界里，服装的面料五花八门，日新月异，但是从总体上来讲，优质、高档的面料大都具有穿着舒适、吸汗透气、悬垂挺括、视觉高贵、触觉柔美等几个方面的特点。不同类型的面料搭配在一起可以表现出多种不同的效果。

面料有以下几种类型。

（1）柔软型面料。柔软型面料一般较为轻薄，悬垂感好，造型线条光滑，服装轮廓自然舒展（图7-6）。

图 7-6

（2）挺爽型面料。挺爽型面料线条清晰，有体量感，能形成丰满的服装轮廓（图7-7）。

图 7-7

（3）光泽型面料。光泽型面料表面光滑并能反射出亮光，有熠熠生辉之感（图7-8）。

图 7-8

（4）厚重型面料。厚重型面料厚实挺括，能产生稳定的造型效果（图7-9）。

图 7-9

（5）透明型面料。透明型面料质地轻薄而通透，具有优雅而神秘的艺术效果（图7-10）。

图 7-10

常见的服装面料有以下几种。

（1）棉布。棉布是各类棉纺织品的总称，多用于制作时装、休闲装、内衣和衬衫。

（2）麻布。麻布是以亚麻、苎麻、黄麻、剑麻、蕉麻等各种麻类植物纤维制成的一种布料，一般用于制作休闲装、工作装，目前也多用于制作普通的夏装。

（3）丝绸。丝绸是以蚕丝为原料纺织而成的各种丝织物的统称。与棉布一样，其品种很多，个性各异，可用于制作各种服装，尤其适用于制作女士服装。

（4）呢绒。呢绒又叫作毛料，其是对用各类羊毛、羊绒织成的织物的泛称，通常适用于制作礼服、西装、大衣等正规、高档的服装。

（5）皮革。皮革是经过鞣制的动物毛皮面料，多用于制作时装、冬装。

（6）化纤。化纤是化学纤维的简称，是以高分子化合物为原料制作而成的纤维的纺织品（图 7-11）。

图 7-11

（7）混纺。混纺是将天然纤维与化学纤维按照一定的比例混合纺织而成的织物，可用于制作各种服装（图 7-12）。

图 7-12

服装面料设计搭配和服装设计的关系，归根结底是演绎了一种人们对美的向往与追求。它的发展过程离不开民族、政治、宗教、文化、艺术等诸多因素的影响。它以面料与服装为载体，表达了人们的一种精神劳动与艺术创造。它源于生活，又高于生活。服装不仅具有御寒防暑的功能，还有美化人民生活的作用。随着人类科技与文明的发展进步，服装早已超越传统意义上的保暖、遮体等功能。人们对服装的消费需求呈现出多层次、多样化、时尚化、个性化、环保功能化的特点（图7-13）。

图 7-13

服装面料设计搭配可以充分发挥混搭的创意风格。混搭并不等于乱搭，混搭应当让每一件单品及配饰有内在的对比联系，如曲线条的褶皱裙与直线条的中性小西装的混搭，造成一种曲与直的对比，而白色与黑色、红色与绿色的撞色混搭，更能体现出色彩给人的冲击力。一般来说，混搭可根据撞色、面料、线条及风格四种类型进行。

（1）撞色混搭。将最不可能同时出现的颜色混搭在一起有时反而会产生别样的视觉效果，其原则是采用对比强烈、纯度相当的颜色，切忌使用太多的颜色。撞色混搭要注意把握一个基本原则，就是在统一风格的基础上进行撞色，这意味着所挑选的服装单品在风格上要一致，否则会给人眼花缭乱的感觉。

（2）面料混搭。将最柔软的面料和最硬挺的面料搭配，反而可以突出各种面料本身的材质特色（图7-14）。面料混搭要注意了解每一种面料的季节特征。比如，混羊毛的厚呢质料若与雪纺搭配在一起，虽然秉承了爽滑面料的搭配精神，但是会造成季节错乱的感觉。

（3）线条混搭。将曲线条与直线条的服装单品搭配在一起，能够起到丰富视觉的效果，比如圆形的荷叶边和公主领与直线条的直筒裙搭配、西装式的上衣与层层叠叠的民族风长裙的搭配均颇有趣味。这种曲直对比方式是真正实用的混搭方式，适合各种脸形和身材的人。

图 7-14

（4）风格混搭。风格混搭是最无章法可循的混搭方式，可以发挥任何创意，将衣柜中任何风格的单品翻出来进行重新排列组合。这需要搭配者有很敏锐的时尚感触，准确把握各种单品的特征，并综合考虑色彩、面料、款型等各种因素。

在不同面料的拼接混搭中，凸起的条纹设计、色彩与光线的巧妙变化，均脱离了矫揉造作的风格。一些更加原始粗犷的材质都强调了一个特点—— 大胆和创新。推崇妙笔生花、精雕细琢的"慢设计"；轻柔飘逸遭遇活泼动感；创新出奇碰撞经典质朴……所有元素都体现出一种全新的潮流逻辑，这种理念介乎非物质的虚无和高度保护性之间。"绿色"概念体现了对户外自然的热爱它使时尚界对保护环境的责任感日益增强。在这里，熟知的和概念的、过去的和现在的全部熔于一炉。

3. 脸型、身材与服装搭配

（1）长脸：不宜穿领口与脸型相同的衣服，更不宜搭配 V 形领口和开得低的领子，不宜戴长的下垂的耳环。适宜穿圆领口的衣服，也可穿高领口的衣服、马球衫或带有帽子的上衣，可戴宽大的耳环。

（2）方脸：不宜穿方形领口的衣服，不宜戴宽大的耳环。适合穿 V 形或勺形领的衣服，可戴耳坠或小耳环。

（3）圆脸：不宜穿圆领口的衣服，也不宜穿高领口的马球衫或带有帽子的衣服，不适合戴大而圆的耳环；最好穿 V 形领或者翻领衣服，戴耳坠或小耳环。

（4）粗颈：不宜穿关门领式或窄小的领口和领型的衣服，不宜用短而粗的紧围在脖子上的项链或围巾；适合搭配宽敞的开门式领型（当然也不要太宽或太窄），适合戴长珠子项链。

（5）短颈：不宜穿高领衣服，不宜戴紧围在脖子上的项链；适合穿敞领、翻领或低领口的衣服。

（6）长颈：不宜穿低领口的衣服，不宜戴长串珠子的项链；适合穿高领口的衣服，系紧围在脖子上的围巾，适合佩戴宽大的耳环。

（7）窄肩：不宜穿无肩缝的毛衣或大衣，不宜搭配窄而深的 V 形领；适合穿开长缝的或方形领口的衣服，可穿宽松的泡泡袖衣服，适宜加垫肩类的饰物。

（8）宽肩：不宜穿长缝的或宽方领口的衣服，不宜用太大的垫肩类的饰物，不宜穿泡泡袖衣服；适宜穿无肩缝的毛衣或大衣，适宜搭配深的或者窄的V形领。

（9）粗臂：不宜穿无袖衣服，穿短袖衣服也以在手臂一半处为宜；适宜穿长袖衣服。

（10）短臂：不宜搭配太宽的袖口边，袖长为通常的袖长3/4为好。

（11）长臂：衣袖不宜又瘦又长，袖口边也不宜太短；适宜穿短而宽的盒子式袖子的衣服，或者宽袖口的长袖子衣服。

（12）小胸：不宜穿露乳沟的领口的衣服；适宜穿开细长缝领口的衣服或者水平条纹的衣服。

（13）大胸：不宜搭配高领口或者在胸围打碎褶，不宜穿水平条纹图案的衣服或短夹克；适宜穿敞领和低领口的衣服。

（14）长腰：不宜系窄腰带，不宜穿腰部下垂的服装，以系与下半身服装同颜色的腰带为好；适宜穿高腰的、上有褶饰的罩衫或带有裙腰的裙子。

（15）短腰：不宜穿高腰式的服装和系宽腰带；适宜穿使腰、臀有下垂趋势的服装，系与上衣颜色相同的窄腰带。

（16）宽臀：不宜在臀部补缀口袋，不宜穿打大褶或碎褶的鼓胀的裙子，不宜穿袋状宽松的裤子；适宜穿柔软合身、线条苗条的裙或裤子，裙子最好有长排纽扣或中央接缝。

（17）窄臀：不宜穿太瘦长的裙子或过紧的裤子；适宜穿宽松袋状的裤子或宽松打褶的裙子。

4. 服装颜色搭配原则与禁忌

（1）服装颜色搭配原则。

①冷色＋冷色。

②暖色＋暖色。

③冷色＋中间色。

④暖色＋中间色。

⑤中间色＋中间色。

⑥纯色＋纯色。

⑦净色（纯色）＋杂色。

⑧纯色＋图案。

（2）服装颜色搭配禁忌。

①冷色＋暖色。

②亮色＋亮色。

③暗色＋暗色。

④杂色＋杂色。

⑤图案＋图案。

（3）服饰颜色搭配方法。

①上深下浅：端庄、大方、恬静、严肃。

②上浅下深：明快、活泼、开朗、自信。

③突出上衣时：裤装颜色要比上衣稍深。

④突出裤装时：上衣颜色要比裤装稍深。

⑤绿色难搭配，在服装搭配中可与咖啡色搭配。

⑥上衣有横向花纹时，裤装不能有竖条纹或格子。

⑦上衣有竖纹花型时，裤装应避开横条纹或格子。

⑧上衣有杂色时，裤装应为纯色。

⑨裤装有杂色时，上衣应避开杂色。

⑩上衣花形较大或复杂时，应穿纯色裤装。

⑪中间色的纯色与纯色搭配时，应辅以小饰物进行搭配。

（4）服色环境协调法。服装颜色必须与周围环境与气氛吻合、协调，才能显示其魅力。

①参加野外活动或体育比赛时，服装的颜色应鲜艳一些，给人以热烈、振奋的美感。

②参加正规会议或业务谈判时，服装的颜色则以庄重、素雅的色调为佳，可显得精明能干而又不失稳重矜持，与周围工作环境和气氛适应。

③居家休闲时，服装的颜色可以轻松活泼一些，式样则可以宽大随便些，以增加家庭的温馨感。

（5）服色季节协调法。服装的色彩应与季节协调。

①春天：明快的色彩，黄色中含有粉红色、豆绿色或浅绿色等。

②夏天：以素色为基调，给人以凉爽感，如蓝色、浅灰色、白色、玉色、淡粉红等。

③秋天：中性色彩，如金黄色、翠绿色、米色等。

④冬天：深沉的色彩，如黑色、藏青色、古铜色、深灰色等。

（6）服色体型协调法。

①体型肥胖者。宜穿墨绿、深蓝、深黑等深色系列的服装，因为冷色和明度低的颜色有收缩感。颜色不宜过多，一般不要超过三种颜色。线条宜简洁，最好是细长的直条纹。

②体型瘦小者。宜穿红色、黄色、橙色等暖色调的衣服，因为暖色和明度高的颜色有膨胀的感觉。不宜穿深色或带竖条图案的服装，也不宜穿大红大绿等冷暖对比强烈的服装。

③体型健美者。在夏天最适合穿各种浅色的连衣裙，宜稍紧身，并缀以适量的饰物。

（7）服色性格协调法。不同性格的人选择服装时应注意性格与色彩的协调。

①沉静内向者宜选用素净清淡的颜色，以吻合其文静、淡泊的心境；活泼好动者，特别是年轻姑娘，宜选择颜色鲜艳或对比强烈的服装，以体现青春的朝气。

②有时有意识地变换颜色也有扬长避短之效，如过分好动的女性，可借助蓝色调或茶色调的服装来增添文静的气质；而性格内向、沉默寡言、不善社交的女性，可试穿粉色调、浅色调的服装，以增加活泼、亲切的韵味，而明度太低的深色服装会加重其沉重与不可亲近之感。

5．裤装与服饰的搭配方法

（1）七分裤。搭配服饰：短小 T 恤、紧身上衣、无袖 T 恤、休闲拖鞋、时装拖鞋。

（2）八分裤。搭配服饰：收腰 T 恤、短小 T 恤、紧身上衣、无袖 T 恤、时装拖鞋或凉鞋。

（3）九分裤。搭配服饰如下。

夏款：短 T 恤、紧身上衣、无袖 T 恤、皮鞋、时装拖鞋、休闲凉鞋。

冬款：短上衣、收腰上衣、紧身毛衣、中长款风衣或上衣、皮夹克、皮短靴。

（4）长裤。选择样数繁多，可按照风格确定。

（5）小直筒。搭配服饰：可与任一种上衣搭配，几乎没有什么限制，鞋子搭配精致的独跟鞋，效果最佳。

（6）中直筒。搭配服饰：短上衣、紧身上衣、收腰上衣、中长大衣或风衣、棉袄或棉袍、圆润的皮鞋或时装鞋、短夹克。

（7）大直筒。搭配服饰：短上衣、紧身上衣或毛衣、中长大衣或风衣、棉袄或棉袍、短靴（鞋子不宜过小，鞋根不宜过细）、短夹克。

（8）西裤。搭配服饰：过臀上衣、中长大衣或风衣、棉袄或棉袍。

（9）锥型裤。搭配服饰：过臀上衣、中长大衣或风衣、宽松上衣、棉袄或棉袍。

（10）喇叭裤。搭配服饰：短小上衣、紧身上衣、时装马夹、皮夹克、紧身毛衣、中长款上衣、时装鞋、精致鞋类。

（11）斜裁裤。搭配服饰：短上衣、紧身上衣、收腰上衣、时装马夹、皮夹克、紧身毛衣、飘逸风衣、欧版鞋、精致鞋类。

（12）牛仔裤。搭配服饰：休闲上衣、马夹、夹克、紧身上衣、收腰上衣、毛衣、运动鞋、休闲皮鞋、旅游鞋。

（13）时装休闲裤。搭配服饰：前卫服饰、时尚上衣、时装休闲鞋。

（14）运动休闲裤。搭配服饰：搭配运动上衣、宽松适合运动的上衣、休闲运动鞋。

（15）高腰裤。搭配服饰：紧身毛衣、马夹、衬衣、皮鞋。

（16）低腰裤。搭配服饰：短上衣、露脐装、吊带装、紧身上衣。

7.1.5　任务分组

表 7-1　学生分组表

班级		组号		授课教师	
组长		学号			
组员	姓名	学号		姓名	学号

7.1.6 自主探学

组号：_____ 姓名：_____ 学号：_____ 检索号：_____

引导问题 1：谈谈服饰搭配主题文案表达的初步计划。

引导问题 2：简述如何根据服装的色彩、材质与款式，对服饰搭配进行企划与设计。

组号：_____ 姓名：_____ 学号：_____ 检索号：_____

引导问题 1：关于服饰搭配有哪些知识点？

引导问题 2：服饰搭配主题文案表达需要具体企划哪些内容？

7.1.7 合作研学

组号：_____ 姓名：_____ 学号：_____ 检索号：_____

引导问题 1：小组讨论，教师参与，确定任务工作单 7-1 和 7-2 的最优答案，并检讨自己存在的不足。

引导问题 2: 每组推荐一个小组长进行汇报。根据汇报情况，再次检讨自己的不足。

7.1.8 评价反馈

任务工作单 7-4 自我检测表

组号: _____ 姓名: _____ 学号: _____ 检索号: _____

班级		组名		日期	年 月 日
评价指标	评价内容			分数	分数评定
信息收集能力	是否能有效利用网络、图书资源查找有用的相关信息等；是否能将查到的信息有效地传递到学习中			10 分	
感知课堂生活	是否能在学习中获得满足感，是否对课堂生活有认同感			10 分	
参与态度，沟通能力	是否积极主动地与教师、同学交流，相互尊重、理解，平等相待；与教师、同学之间是否能够保持多向、丰富、适宜的信息交流			15 分	
	是否能处理好合作学习和独立思考的关系，做到有效学习；是否能提出有意义的问题或发表个人见解			15 分	
对本课程的认识	色彩搭配的能力 款式搭配的能力			5 分	
	对将来工作的支撑作用			10 分	
辩证思维能力	是否能发现问题、提出问题、分析问题、解决问题、创新问题			10 分	
自我反思	是否按时保质完成任务；是否能较好地掌握知识点；是否具有较为全面严谨的思维能力并能条理清晰地表达成文			25 分	
自评分数					
总结提炼					

任务工作单7-5　小组内互评验收表

组号：_____　　姓名：_____　　学号：_____　　检索号：_____

验收人组长		组名		日期	年　月　日
组内验收成员					
任务要求	自主完成服饰搭配主题文案表达；在完成服装与服饰搭配的知识、能力储备分析任务的过程中，至少包含5份检索文献的目录清单				
验收文档清单	被评价人完成的任务工作单7-1				
	被评价人完成的任务工作单7-2				
	文献检索清单				
验收评分	评分标准			分数	得分
	能正确表述课程的定位，缺一处扣1分			25分	
	完成服饰搭配主题文案表达任务应具备的知识、能力储备分析，缺一处扣1分			25分	
	描述完成服饰搭配主题文案表达应该做的准备工作，缺一处扣1分			25分	
	文献检索清单，少一份扣5分			25分	
评价分数					
总体效果定性评价					

任务工作单7-6　小组间互评表

（听取各小组长汇报，同学打分）

被评组号：_____　　检索号：_____

班级		评价小组		日期	年　月　日
评价指标	评价内容			分数	分数评定
汇报表述	表述准确			15分	
	语言流畅			10分	
	准确反映小组完成任务情况			15分	
内容正确度	内容正确			30分	
	句型表达到位			30分	
互评分数					

组号：_____ 姓名：_____ 学号：_____ 检索号：_____

任务名称	服饰搭配主题文案表达				总得分	
评价依据	学生完成的任务工作单					
序号	任务内容及要求		配分	评分标准	教师评价	
					结论	得分
1	课程定位	描述正确	10分	缺一个要点扣1分		
		语言表达流畅	10分	酌情赋分		
2	完成服饰搭配主题文案表达	应具备的知识分析	10分	缺一个要点扣1分		
		应具备的能力分析	10分	缺一个要点扣1分		
3	根据之前模块的知识点，采用文案描述的形式完成服饰搭配主题文案表达	涉及哪几个方面的准备	15分	缺一个要点扣2分		
		每一个工作准备的作用	15分	缺一个要点扣2分		
4	至少包含5份检索文献的目录清单	数量	10分	每少一个扣2分		
		参考的主要内容要点	10分	酌情赋分		
5	素质素养评价	沟通交流能力	10分	酌情赋分，但违反课堂纪律，不听从组长、教师安排的，不得分		
		团队合作				
		课堂纪律				
		合作探学				
		自主研学				

任务 7.2　服饰搭配整体展示

7.2.1　任务描述

结合前 3 个模块的学习内容，掌握该课程的重点与难点，独立自主地用图文并茂的形式完成一整套服饰搭配整体展示方案。

7.2.2　学习目标

1．知识目标

（1）掌握独立自主地用图文并茂的形式完成一整套服饰搭配整体展示方案的要点。

（2）掌握一整套服饰搭配整体展示方案的逻辑顺序。

2．能力目标

（1）能理解独立自主地用图文并茂的形式完成一整套服饰搭配整体展示方案的要点。

（2）能理解独立自主地使用图文并茂的形式完成一整套服饰搭配整体展示方案的逻辑顺序。

3．素养目标

（1）培养勤于思考、分析问题的意识。

（2）培养勤于思考与辩证的意识。

（3）培养对服饰搭配的艺术审美眼光。

7.2.3　重点难点

（1）重点：掌握独立自主地用图文并茂的形式完成一整套服饰搭配整体展示方案的要点。

（2）难点：掌握独立自主地使用图文并茂的形式完成一整套服饰搭配整体展示方案的逻辑顺序。

7.2.4　相关知识链接

根据前面的知识目标内容，服饰搭配主题文案表达一般涉及的知识部分如下。

（1）人物形体等分析。

（2）时间、地点、场合等原则性设计。

（3）灵感来源的选择与提取。

（4）服装色彩的搭配。

（5）服装材质的搭配。

（6）服装款式的搭配。

（7）完整的服饰搭配展示。

7.2.5 任务分组

表7-2 学生分组表

班级		组号		授课教师	
组长		学号			
组员	姓名	学号		姓名	学号

7.2.6 自主探学

任务工作单 7-8

组号：_____ 姓名：_____ 学号：_____ 检索号：_____

引导问题 1：谈谈服饰搭配整体展示的初步计划。

引导问题 2：简述如何根据服装的色彩、材质与款式，对服饰搭配进行图文并茂的企划与设计。

任务工作单 7-9

组号：_____ 姓名：_____ 学号：_____ 检索号：_____

引导问题 1：服饰搭配整体展示有哪些知识点？

引导问题 2：服饰搭配整体展示的企划案有哪些逻辑顺序？

7.2.7 合作研学

任务工作单 7-10

组号：_____ 姓名：_____ 学号：_____ 检索号：_____

引导问题 1：小组讨论，教师参与，确定任务工作单 7-8 和 7-9 的最优答案，并检讨自己存在的不足。

引导问题 2：每组推荐一个小组长进行汇报。根据汇报情况，再次检讨自己的不足。

7.2.8 评价反馈

组号：_____　姓名：_____　学号：_____　检索号：_____

班级		组名		日期	年　月　日
评价指标	评价内容			分数	分数评定
信息收集能力	能否有效利用网络、图书资源查找有用的相关信息等；能否将查到的信息有效地传递到学习中			10 分	
感知课堂生活	是否能在学习中获得满足感，是否对课堂生活有认同感			10 分	
参与态度，沟通能力	能否积极主动地与教师、同学交流，相互尊重、理解，平等相待；与教师、同学之间是否能够保持多向、丰富、适宜的信息交流			15 分	
	能够处理好合作学习和独立思考的关系，做到有效学习；能否提出有意义的问题或发表个人见解			15 分	
对本课程的认识	提取的能力 搭配的能力			10 分	
	对将来工作的支撑作用			5 分	
辩证思维能力	是否能发现问题、提出问题、分析问题、解决问题、创新问题			10 分	
自我反思	是否按时保质完成任务；是否能较好地掌握知识点；是否具有较为全面严谨的思维能力并能条理清晰地表达成文			25 分	
自评分数					
总结提炼					

任务工作单 7-12 小组内互评验收表

组号：_____ 姓名：_____ 学号：_____ 检索号：_____

验收人组长		组名		日期	年 月 日
组内验收成员					
任务要求	独立自主地用图文并茂的形式完成一整套服饰搭配整体展示方案；在任务完成过程中，至少包含 5 份检索文献的目录清单				
验收文档清单	被评价人完成的任务工作单 7-8				
	被评价人完成的任务工作单 7-9				
	文献检索清单				
验收评分	评分标准		分数		得分
	能正确表述课程的定位，缺一处扣 1 分		25 分		
	按照正确的逻辑顺序完成一整套服饰搭配整体展示方案，缺一处扣 1 分		25 分		
	用图文并茂的形式完成一整套服饰搭配整体展示方案，缺一处扣 1 分		25 分		
	文献检索清单，少一份扣 5 分		25 分		
评价分数					
总体效果定性评价					

任务工作单 7-13 小组间互评表

（听取各小组长汇报，同学打分）

被评组号：_____ 检索号：_____

班级		评价小组		日期	年 月 日
评价指标	评价内容		分数		分数评定
汇报表述	表述准确		15 分		
	语言流畅		10 分		
	准确反映小组完成任务情况		15 分		
内容正确度	所表述的内容正确		30 分		
	阐述表达到位		30 分		
互评分数					

任务工作单 7-14 任务完成情况评价表

组号：_____ 姓名：_____ 学号：_____ 检索号：_____

任务名称	服饰搭配整体展示				总得分	
评价依据	学生完成的任务工作单					
序号	任务内容及要求		配分	评分标准	教师评价	
					结论	得分
1	课程定位	描述正确	10分	缺一个要点扣1分		
		语言表达流畅	10分	酌情赋分		
2	按照正确的逻辑顺序完成一整套服饰搭配整体展示方案	应具备的知识分析	10分	缺一个要点扣1分		
		应具备的能力分析	10分	缺一个要点扣1分		
3	根据之前模块的知识点，用图文并茂的形式完成一整套服饰搭配整体展示方案	涉及哪几个方面的准备	15分	缺一个要点扣2分		
		每一个工作准备的作用	15分	缺一个要点扣2分		
4	至少包含5份检索文献的目录清单	数量	10分	每少一个扣2分		
		参考的主要内容要点	10分	酌情赋分		
5	素质素养评价	沟通交流能力	10分	酌情赋分，但违反课堂纪律，不听从组长、教师安排的，不得分		
		团队合作				
		课堂纪律				
		合作探学				
		自主研学				

参 考 文 献

［1］钟蔚. 形象设计与表达［M］. 北京：中国纺织出版社，2015.

［2］徐慧明. 服装色彩设计［M］. 北京：中国纺织出版社，2019.

［3］吴小兵. 服装色彩设计与表现［M］. 上海：东华大学出版社，2018.

［4］宁芳国. 服装色彩搭配［M］. 北京：中国纺织出版社，2018.

［5］张虹. 服装搭配实务［M］. 北京：中国纺织出版社，2020.

［6］张晓梅. 穿出你的影响力［M］. 北京：中国青年出版社. 2014.

［7］王渊. 服饰搭配艺术［M］. 2版. 北京：中国纺织出版社，2014.

［8］［日］大草直子. 美装法则：搭出美丽俏佳人［M］. 刘萌，译. 北京：中国纺织出版社，
　　2014.

［9］于晓丹. 说穿［M］. 北京：中信出版社，2014.

［10］［美］乔治·布雷西亚. 改变你的服装，改变你的生活［M］. 红霞，译. 北京：北京联合
　　　出版公司，2016.

［11］刘瑞璞，周长华，王永刚. 优雅绅士Ⅵ. 社交着装读本［M］. 北京：化学工业出版社，
　　　2016.

［12］［美］蒂姆·冈恩，埃达·卡尔霍恩. 时尚衣橱［M］. 刘洲，译. 北京：中信出版社，
　　　2014.